JN017166

生きものがつくる美しい家

動物たちのすごい巣121

鈴木まもる 文・絵

X-Knowledge

目次

本書は2015年10月に発刊した『生きものたちのつくる巣109』を大幅に加筆修正のうえ、再編集したものです

「美しい形は構造的に安定している。構造は自然から学ばなければならない。」

—アントニ・ガウディ（1852〜1926）—

はじめに

ゾウやウマは巣をつくりません。産まれてすぐに歩き始められるからです。一方、同じ哺乳類でもモグラやアナウサギなど、産まれたときは目も見えず、毛も生えていないような状態の生きものは巣をつくります。か弱い生命が安全に成長できる空間が必要だからです。モグラは、ずっとトンネルの中で暮らすので、生活空間であるトンネルが家で、その一部に巣があります。ほとんどの鳥は、ひなが巣立つと巣はもう使いません。昆虫は、巣でずっと暮らすものもいれば、そうでないものもいます。

この本では、家として住み続けるか、巣として一時的な利用かを問わず、さまざまな生きものたちがつくる、いろいろな構造物をご紹介します。巣というと、鳥をまずイメージするのではないでしょうか。でも、巣をつくるのは鳥だけではありません。昆虫、そして不思議な深海生物まで、じつにいろいろな種類の生きものが巣をつくります。そして、どの巣も感心するほどよくできています。

地球という多様な環境のなかで、それぞれの生きものにとって一番大切な新しい生命を産み育てるために、誰にも教わらず本能の力でつくる巣。巣を知ることは、その生命を知ることでもあるし、それらが生きている環境を知ることにもつながります。それだけでなく「つくる」とはなにか、「生きる」とはなにかを教えてくれるものではないでしょうか。

この度、２０１５年に発売された前回版を改訂することとなり、前回出版後新たに発見されたアマミホシゾラフグや、コスタリカで採取した鳥の巣など、12種増やすことになりました。地球の上で生きているのは人間だけではありません。今も、多様な生き物たちが、まだ見ぬ巣をつくって生きているのです。

２０２３年３月　鈴木まもる

この本について

この本は、121 種のさまざまな生きものがつくる巣や構造物を紹介する本です。
各ページの見方は下のようになっています。

図解

巣の内部のつくりや大きさを示しています。

メインの絵

巣や構造物の外観とつくり手の生きものを描いています。

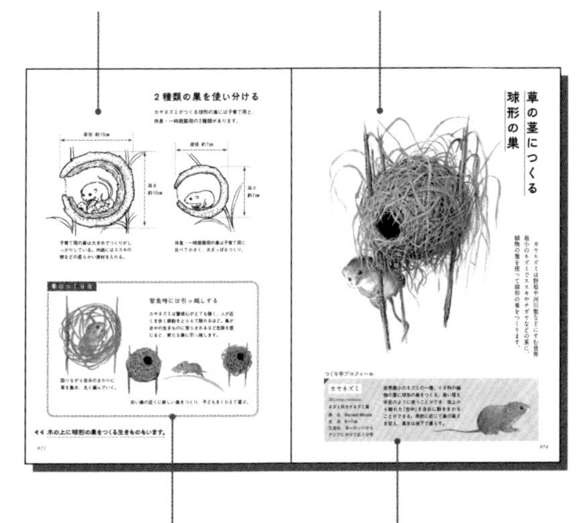

巣のつくり方

巣のつくり方の説明です。

つくり手プロフィール

巣をつくる生きものの名前や分類、大きさ、分布どんな生きものかを解説しています。

そのほか

その生きものについてのいろいろな話題も紹介しています。

◀◀ **さまざまな生きものたちの、いろいろな巣を見ていきましょう。**

これは、なんでしょう？

大きな枯れ草のかたまりで、
直径10メートルはありそうです。
下側にたくさんの穴があいています。

誰が、なんのために
こんなものを
つくったのでしょう。

じつはこれ、鳥の巣なのです

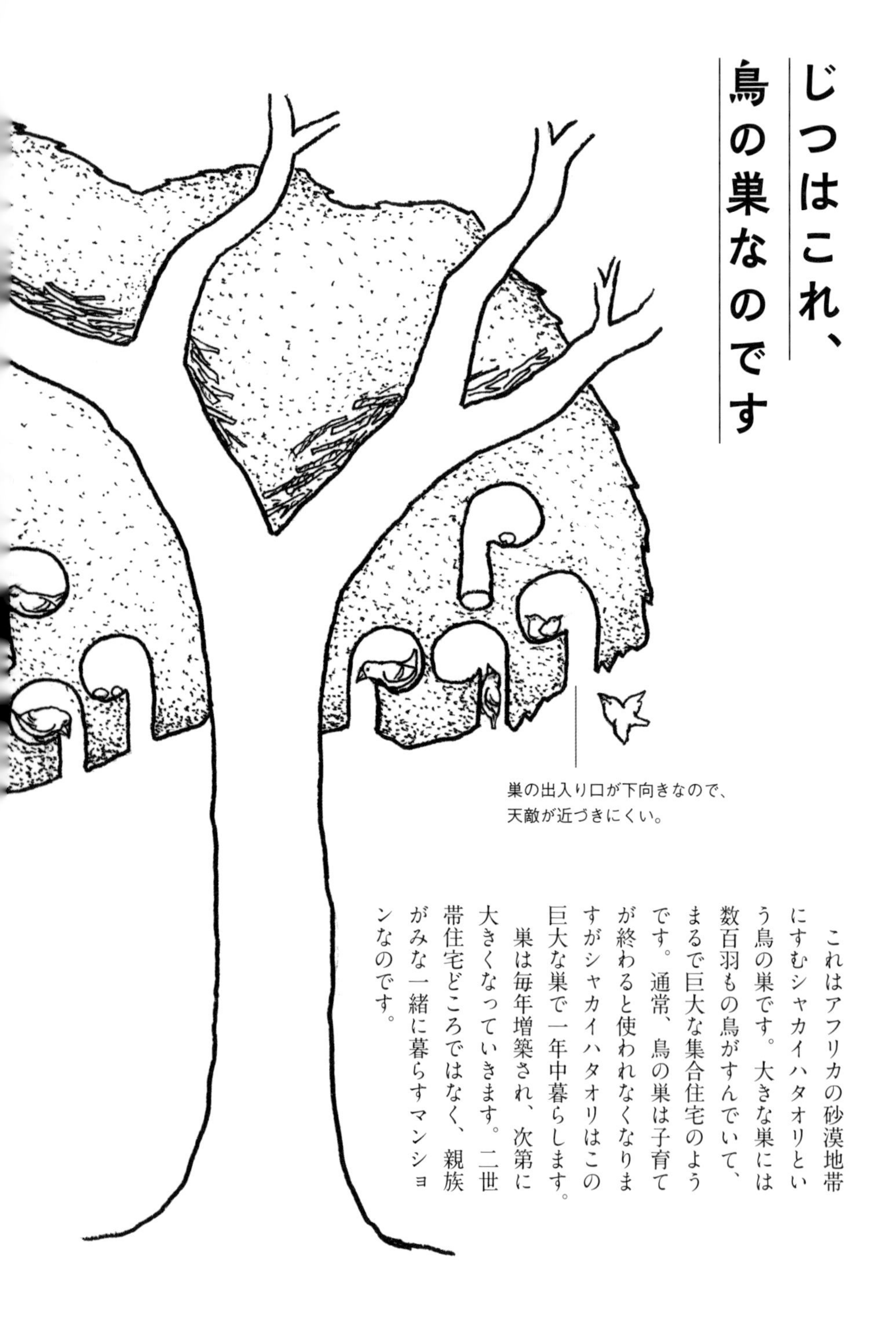

巣の出入り口が下向きなので、
天敵が近づきにくい。

これはアフリカの砂漠地帯にすむシャカイハタオリという鳥の巣です。大きな巣には数百羽もの鳥がすんでいて、まるで巨大な集合住宅のようです。通常、鳥の巣は子育てが終わると使われなくなりますがシャカイハタオリはこの巨大な巣で一年中暮らします。

巣は毎年増築され、次第に大きくなっていきます。二世帯住宅どころではなく、親族がみな一緒に暮らすマンションなのです。

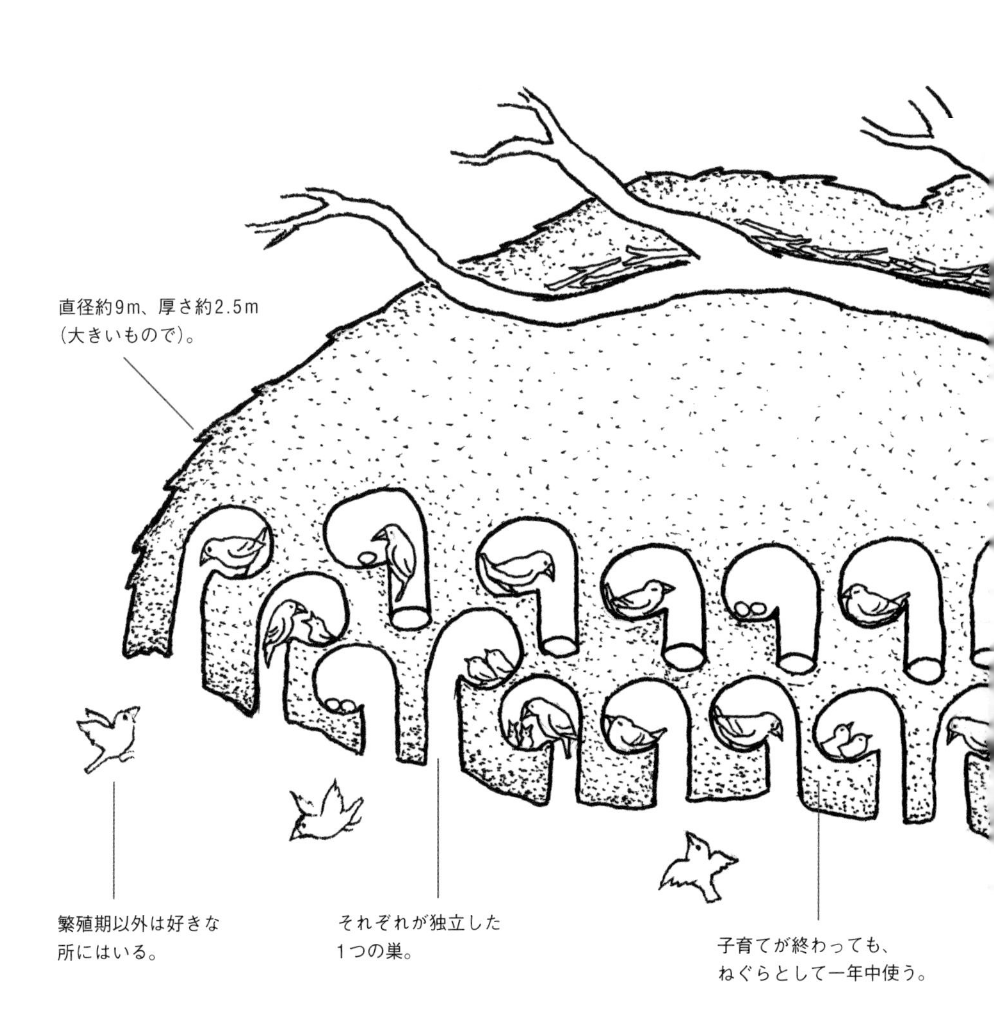

つくり手プロフィール

シャカイハタオリ

Philetairus socius

スズメ科シャカイハタオリ属

英　名　Sociable Weaver

全　長　14cm

生息地　アフリカ南西部に分布

私たちにおなじみのスズメに近縁の小鳥。草などを編んで巣をつくるハタオリドリ類の一種。ハタオリドリのなかまは枝から垂れ下がる袋状の巣をつくる種が多いが、本種は集団で、巨大な集合住宅のような巣をつくる。

◀◀ **どうやってこんな巣をつくるのでしょう。**

巣のつくり方

1

くちばしで切り取った枯れ草を巣をつくる木に運んできます。そして、木の隙間に枯れ草を差し込みます。

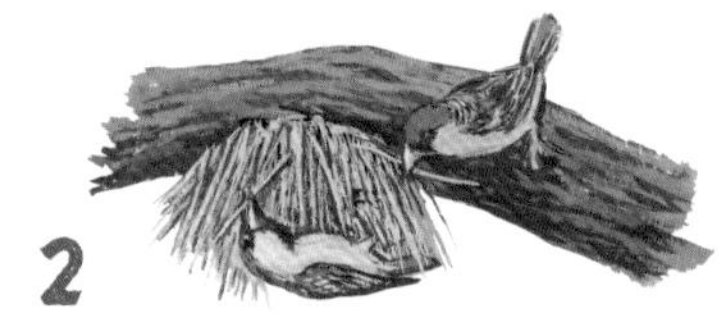

2

なかまと協力しながら枯れ草を隙間なくびっしりと差し込み、落ちないようにします。

3

巣を支える枝の上部には、細い枝を組み合わせます。そこにも、枯れ草をどんどん差し込みます。

4

それぞれ自分の部屋をつくっていきます。

電柱に巣をつくることもあります。

アフリカの一部の民族は、シャカイハタオリと同じように、草を集めてつくった家に住んでいます。いにしえの人々は、シャカイハタオリから家づくりのヒントを得たのかもしれません。

なぜ、このような巣をつくるのでしょう

昼：外は40℃以上、地表では60℃。巣の中は約26℃。
夜：外は－10℃以下。巣の中は約26℃。

この地方は日中の気温が40℃以上に上がる一方、夜間はマイナス10℃以下に下がることもあり寒暖の差が厳しい気候です。
でも、大丈夫。枯れ草を厚く重ねた巣の中は断熱効果が高く、常に約26℃に保たれます。巣の中にいれば快適で、日中の暑さも夜間の寒さもしのぐことができるのです。

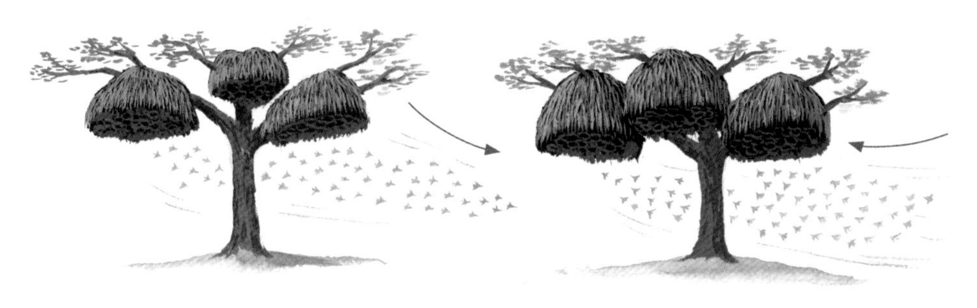

みんなで朝ごはんを食べに行く。

みんなで夕ごはんを食べ、帰ってくる。

日が昇り、寒さがゆるむとシャカイハタオリは食べ物を探しに出かけます。気温が高くなる日中は巣に戻って暑さをしのぎ夕方涼しくなってくると再び食べ物を探しに出かけます。
気温が低くなる夜間は、また巣へ戻り、今度は寒さをしのぐのです。

巣が大きくなりすぎると、ときどき重さで落ちて壊れてしまうこともありますが、鳥たちはすぐ修理します。なかには、100年以上前から使われ続けている巣もあります。

◀◀ 集団ではなく、つがいでつくる大きな巣もあります。

たった2羽でつくる、大きくて頑丈な巣

つくり手プロフィール

シュモクドリ

Scopus umbretta

シュモクドリ科シュモクドリ属

英　名　Hamerkop
全　長　約50cm
生息地　アフリカ中部以南、マダガスカルに分布

水辺に生息する大型の鳥。浅瀬で両生類や小魚などを捕食する。くちばしと頭部がハンマーのような形をしていて和名の由来となった。足を後ろに伸ばして飛ぶ。

アフリカにすむシュモクドリは、ドーム形の大きな巣を太い木の上につくります。

数千本の枯れ枝、草、泥、動物の死体、骨、皮、ふん、布、人間が捨てたゴミなどを集め、つがいで協力して2〜3カ月かけて巣をつくります。現地の人は、シュモクドリが人の服や食器を巣の材料として使うのは人に呪いをかけるためだと信じ、巣に近づかないそうです。

シュモクドリのすむ環境にはサルやヒョウなどいろいろな天敵がすんでいるので卵やひなが襲われないように材料がびっしり詰まった頑丈な巣をつくるのかもしれません。

産まれたてのひなは目が見えず羽も生えていません。成長が遅く、巣立つまで7週間以上もかかります。
直径約3m、厚さ約1m前後。重さは数百kgにおよぶこともある。
全体を土で固める。
出入り口。泥でぬり固められることもある。
枯れ草をしく。
卵は3〜6個。
樹上ではなく、崖などにつくることもある。

◀◀ **もっと大きな巣をつくる鳥もいます。**

これも鳥の巣です

オーストラリアとニューギニアにすむ、ツカツクリという鳥です。
ツカツクリは、地上に穴を掘って枯れ草などを入れ、大きな塚のような巣をつくりその中に卵を産みます。なぜ、こんな大きな巣をつくるのでしょうか。

この鳥は、自分で卵を温めません。枯れ草などを集めると、発酵して温かくなります。この温かさを利用して卵を温めるのです。

つくり手プロフィール

ツカツクリ

Megapodius freycinet

ツカツクリ科ツカツクリ属

英　名　Dusky Megapode

全　長　約40㎝

生息地　オーストラリアおよびニューギニアに分布

森林に生息するキジ目の大型の鳥で、地上で行動することが多い。雑食性で、昆虫類や果実、植物などを食べる。枯れ草や落ち葉を積み上げて大きな塚をつくり、発酵熱で卵を温める。

こんな大きな巣をどうやってつくるのでしょう。

卵が温まりすぎたり、冷えすぎたりしないのでしょうか。

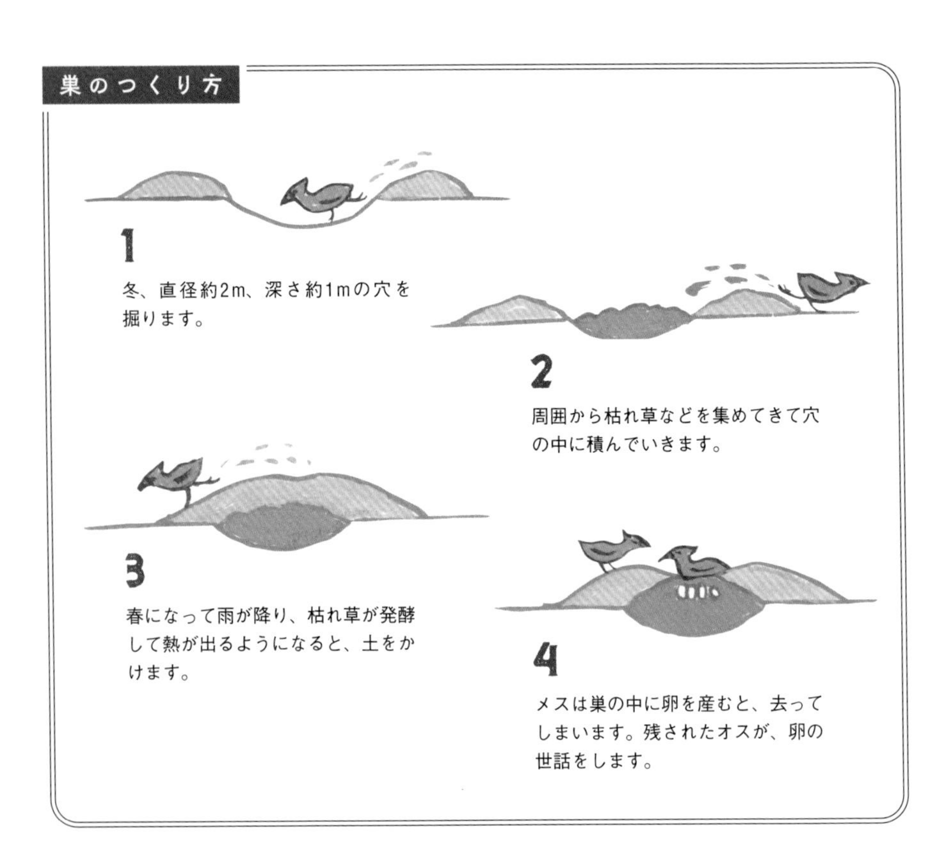

巣のつくり方
1
冬、直径約2m、深さ約1mの穴を掘ります。
2
周囲から枯れ草などを集めてきて穴の中に積んでいきます。
3
春になって雨が降り、枯れ草が発酵して熱が出るようになると、土をかけます。
4
メスは巣の中に卵を産むと、去ってしまいます。残されたオスが、卵の世話をします。

メスが卵を産んでから約2カ月もの間、オスは巣の中の温度を約33度に保ち卵が温まりすぎたり、冷えすぎたりしないよう、巣を管理するのです。

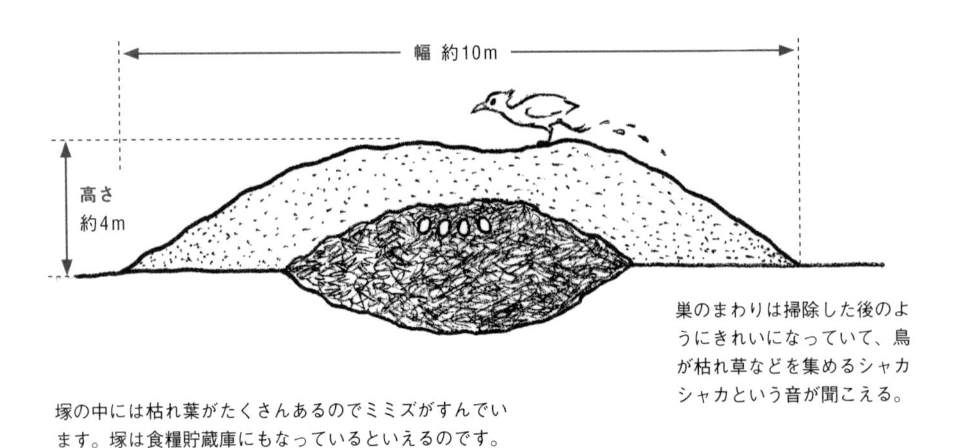

幅 約10m
高さ
約4m
巣のまわりは掃除した後のようにきれいになっていて、鳥が枯れ草などを集めるシャカシャカという音が聞こえる。
塚の中には枯れ葉がたくさんあるのでミミズがすんでいます。塚は食糧貯蔵庫にもなっているといえるのです。

温度調節のやり方

オスが卵の世話をします。

1

晴れた朝、太陽の熱で発酵が進み温度が上がりすぎないように、土を取りのぞきます。

2

日中、日ざしが強くなりすぎると今度は土をかけて日ざしを防ぎ、温度が上がりすぎないようにします。

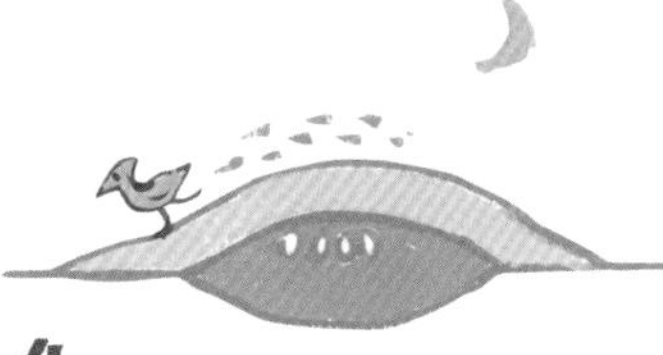

3

日ざしがそれほど強くなければ、土を取りのぞき、日ざしに当てて温めます。

4

夜になって、気温が下がると、土をかけ、温めます。

こうしてツカツクリのオスは、約2カ月もの間卵の世話をし続けます。
卵からかえったひなは、すぐ歩くことができ自力で巣からはい出して巣立っていきます。

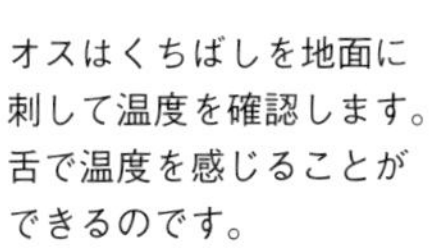

オスはくちばしを地面に刺して温度を確認します。舌で温度を感じることができるのです。

◀◀ ツカツクリと同じように塚のような巣をつくる生きものがいます。

ワニがつくる巣

アメリカアリゲーターは、爬虫類であるワニのなかまです。メスは川の岸辺に枯れ枝や草土を集め、すくいとった泥と混ぜ合わせて積み上げ、大きな塚のような巣をつくります。そして、巣の中に数十個の卵を産み、草や葉をかぶせます。母ワニは巣の上に乗ったり、近くにいたりして、ほかの生きものが卵を襲わないように見張ります。なぜ、枯れ草を集めて塚をつくるのでしょう。

つくり手プロフィール

アメリカアリゲーター

Alligator mississippiensis

アリゲーター科アリゲーター属

英　名　American Alligator

全　長　約4m

生息地　アメリカ南部に分布

大型のワニで、ミシシッピワニの別名どおり、アメリカ南部の固有種。全長はオスで通常4m前後だが、5.8mという記録がある。動物食で、魚類を主に食べ成長してくると鳥類や小型の哺乳類を襲って食べる。

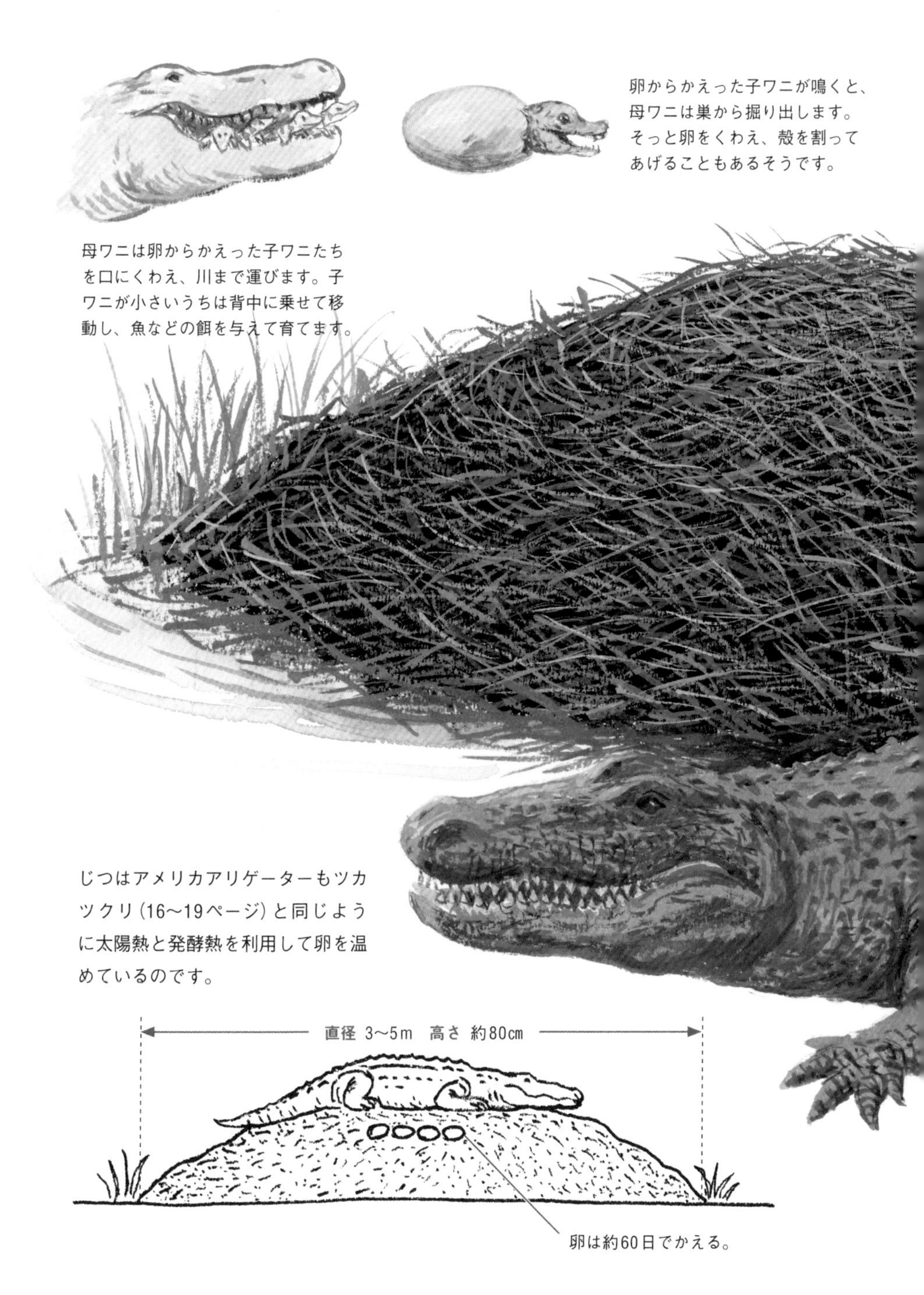

卵からかえった子ワニが鳴くと、母ワニは巣から掘り出します。そっと卵をくわえ、殻を割ってあげることもあるそうです。

母ワニは卵からかえった子ワニたちを口にくわえ、川まで運びます。子ワニが小さいうちは背中に乗せて移動し、魚などの餌を与えて育てます。

じつはアメリカアリゲーターもツカツクリ（16〜19ページ）と同じように太陽熱と発酵熱を利用して卵を温めているのです。

◀◀ **草を集めて、山のような巣をつくる生きものもいます。**

イノシシがつくる巣

イノシシは、大型の哺乳類としては珍しく巣をつくります。ススキなどの草をかみ切って積み上げ、ドーム形の巣をつくるのです。体温を奪われやすい子どもを寒さや風雨からまもるため、巣は一時的に利用されます。

つくり手プロフィール

イノシシ

Sus scrofa

イノシシ科イノシシ属

英　名　Wild Boar
全　長　1〜1.7m
生息地　本州、四国、九州、沖縄に分布（亜種ニホンイノシシおよびリュウキュウイノシシ）

山野に生息する大型の哺乳類。ずんぐりした体型をしており、足や尾は短め。大きな鼻をもち、臭覚がとても敏感。雑食性で、大きな鼻で地面を掘り返しながら、植物の根茎や果実、タケノコ、ミミズや昆虫類などを食べる。

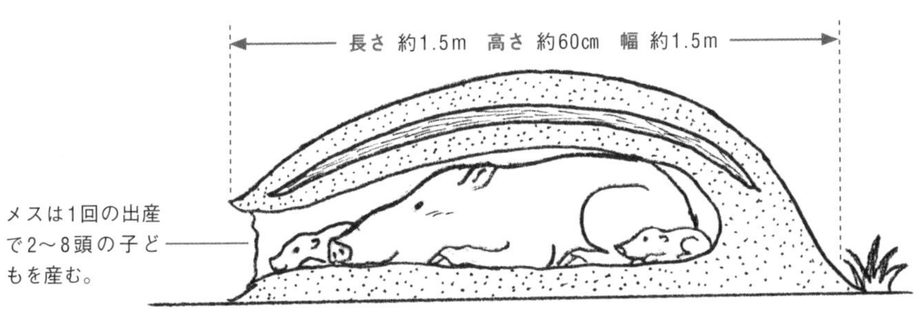

通常は子育てが終わると使わなくなるが、寒冷地では保温のために子育て以外にも使われる。

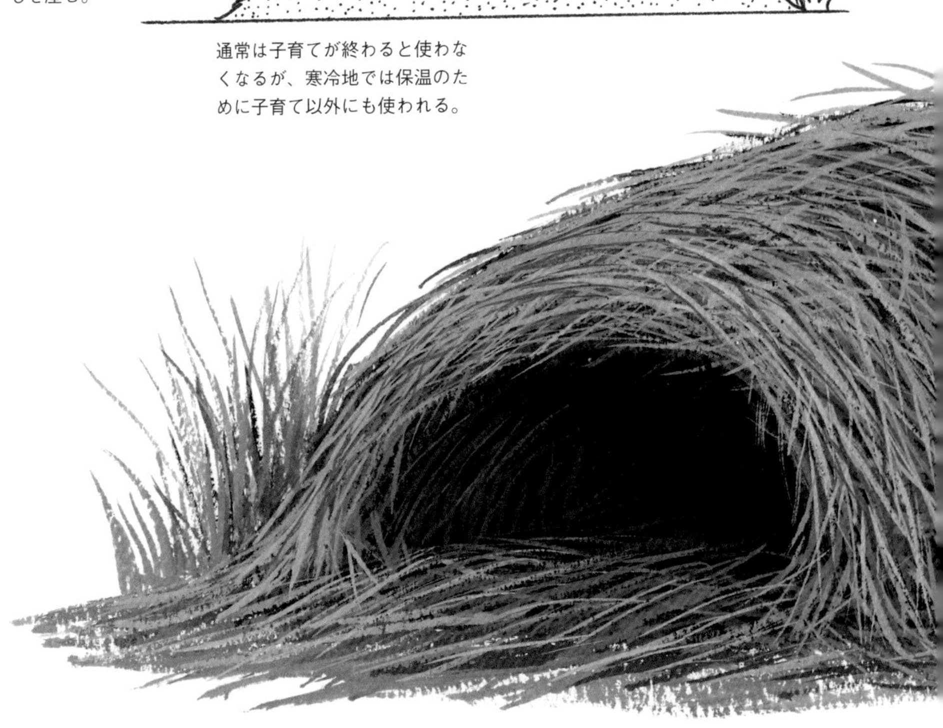

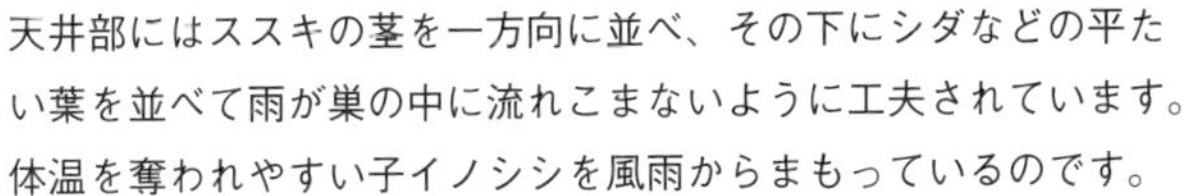

天井部にはススキの茎を一方向に並べ、その下にシダなどの平たい葉を並べて雨が巣の中に流れこまないように工夫されています。体温を奪われやすい子イノシシを風雨からまもっているのです。

◀◀ **雨に濡れないように工夫された巣もあれば、**
安全確保のため、逆に水の上につくられる巣もあります。

川をせき止めてつくる、水の上の巣

ビーバーは鋭い歯で木をかじって倒します。倒した木を集めて土などで固め、川の近くに山のような形の巣をつくります。そして、川の下流に木を集めて土で固め、ダムをつくって川をせき止めます。巣のまわりが水に沈むと、天敵はもう近づけません。安全・安心の、水の上の巣の出来あがりです。

つくり手プロフィール

アメリカビーバー

Castor canadensis

ビーバー科ビーバー属

英　名　North American Beaver

全　長　約80㎝

生息地　北米のアラスカからメキシコまで分布

水をはじく毛皮、水かきのある後ろ足とオールのような尾をもち、泳ぐのが得意で水辺での生活に適応した哺乳類。ネズミ目ではカピバラに次いで2番目に大きい。植物食で、鋭い歯で木をかじって倒し、木の皮や枝葉を食べる。

巣のつくり方

1 木をかじって倒し、集めて巣をつくる。

2 下流に木を集め、土で固めてダムをつくる。

3 巣のまわりに水がたまり、天敵は近づけなくなる。

ビーバーは、私たち人間を除けば自らの生活のために周囲の環境を変えてしまう唯一の生きものといえます。なかには、幅100m以上、高さ3m以上の大きなダムもあるそうです。

◀◀ 巣の中はどうなっているのでしょう。

安全・安心、水の上の巣

水の上の巣には、安全と安心のための
賢い知恵が詰め込まれています。

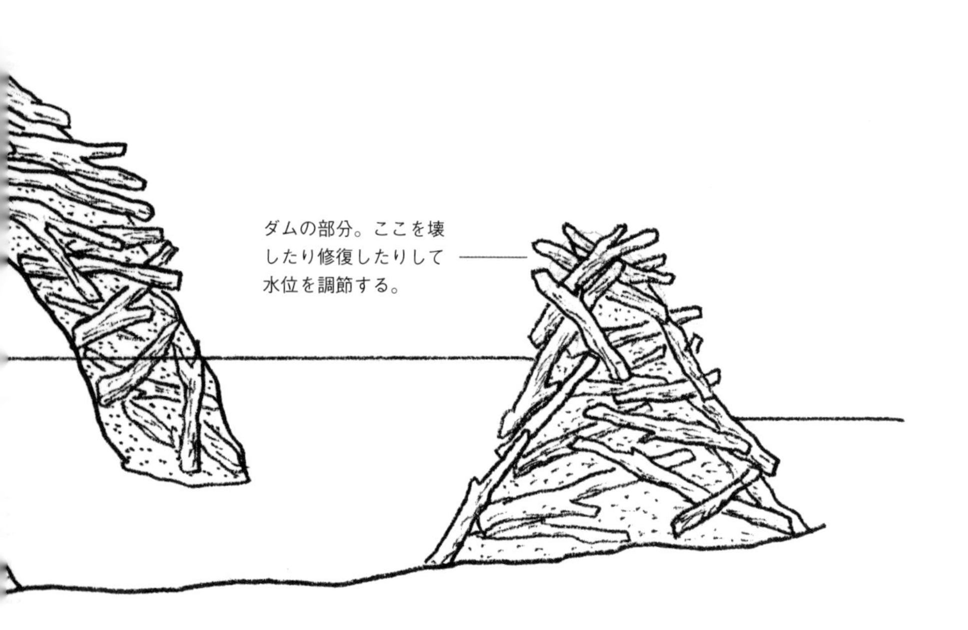

ダムの部分。ここを壊
したり修復したりして
水位を調節する。

安全の仕組み

普段は天敵が近づけない水の上の巣も、冬に川が凍ると状況が一変します。でも、大丈夫。

1 川が凍ると、クマやオオカミなどの天敵がやってきます。

2 でも、巣は頑丈（がんじょう）なうえ、凍っているので、壊すことができません。

3 ビーバーは、水の中に貯めている木を食べて、安全に暮らせます。

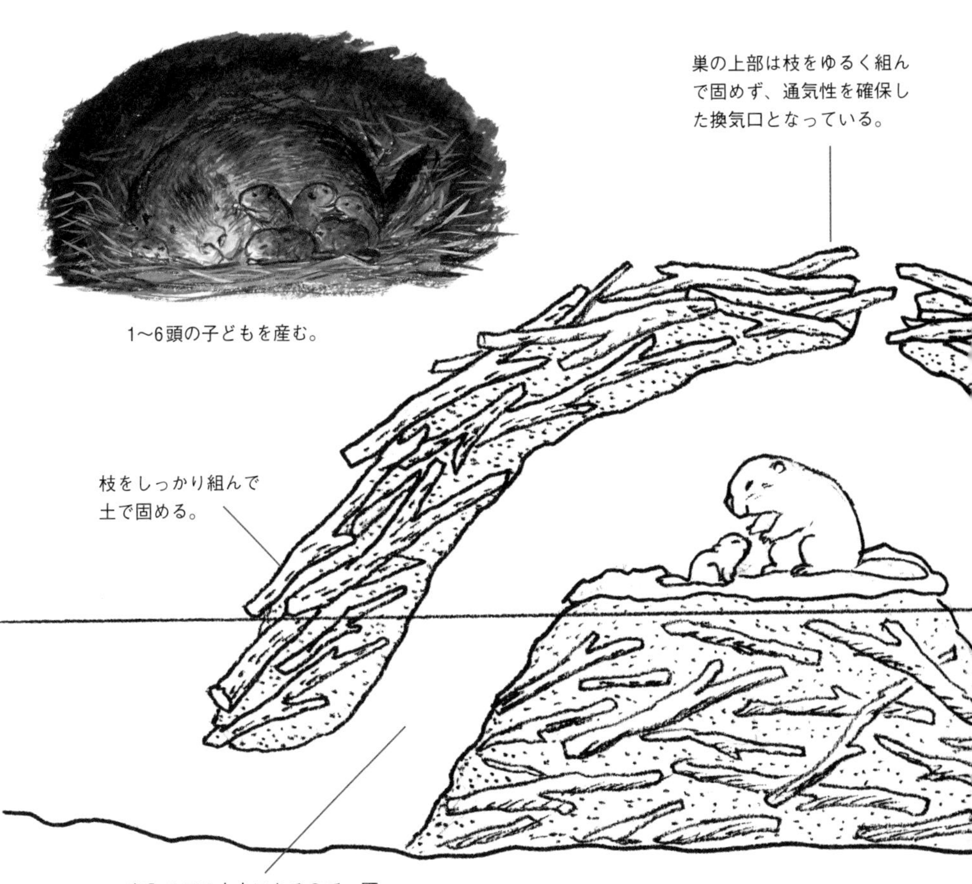

1 大雨で川が増水し、巣の中まで浸水してしまうことがあります。でも、大丈夫。

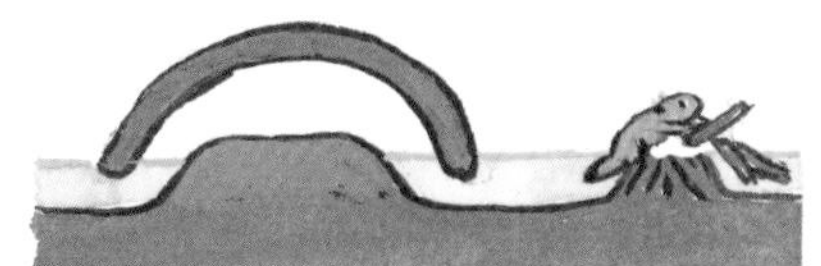

2 ダムを一部壊すことで水を流し、水位を下げることができるのです。

◀◀ **水の上の巣はほかにもあります。**

湖の上に、
なにか浮かんでいます

これは水鳥の巣です

南米のアンデス地方の湖にすむツノオオバンは岸から離れた水の上に巣をつくります。巣が浮いているように見えますがどういうつくりなのでしょうか。

ツノオオバン

Fulica cornuta

クイナ科オオバン属

英　名　Horned Coot

全　長　約50cm

生息地　チリ、アルゼンチンに分布

水辺に生息するクイナ類の鳥。弁足と呼ばれる大きな足は、足指に膜があって水かきの役割をするので、泳ぐことが得意な上、水辺を歩くのにも適している。額に角のような伸縮自在の肉状の突起があり、名前の由来となった。

石を積み上げた土台の上に巣をつくる

ツノオオバンは、湖の底に石をたくさん集め、積み上げて土台をつくります。その土台の上に水草を積んで巣をつくります。

高さ 約1m

大きな巣では幅約4m
高さ約1mになる。

同じクイナ科のアメリカムラサキバンは、水草の茎を折ったり差し込んだりして、平たい巣をつくります。

つくり手プロフィール

アメリカムラサキバン

Porphyrio martinicus

クイナ科セイケイ属

英　名　Purple Gallinule
全　長　約33cm
生息地　北米南東部からアルゼンチン北部に分布

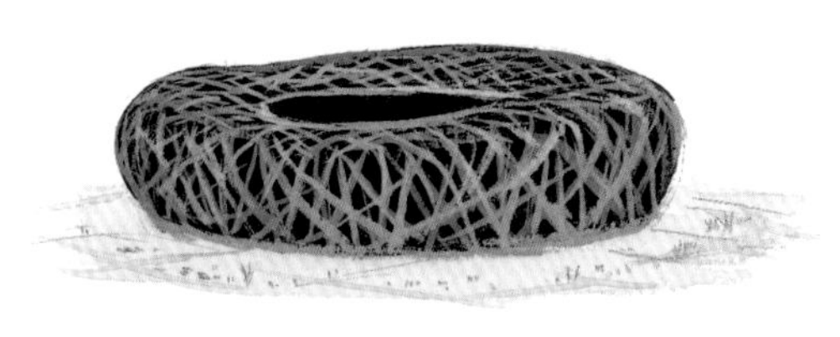

2008年に開催された北京五輪のメインスタジアム、通称「鳥の巣」はアメリカムラサキバンの巣に形が似ています。

なぜ、こんな大がかりなことをするのでしょう。

巣は湖の岸から数十メートルも離れています。繁殖地であるアンデス山地の湖は、周囲に隠れる場所がない環境です。岸辺に巣をつくれば天敵に襲われてしまいますがこれなら天敵は巣に近づけません。水の上に巣をつくるのは大切な卵とひなを天敵からまもるための知恵なのです。

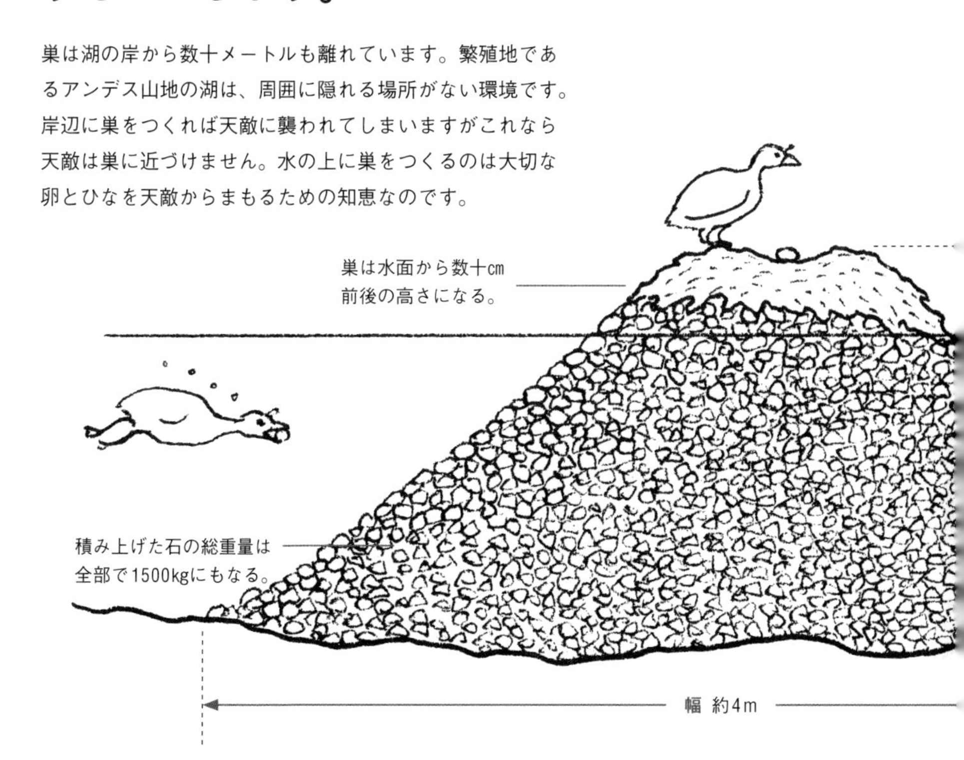

石は岸からくわえて運びます。大きな石は500gもあります。

◀◀ **異なる方法で、水の上につくられる巣もあります。**

水の上の浮き巣

湖や池にすむカイツブリは、水草などをたくさん集め水辺に生えているヨシなどの茎の間に浮き巣をつくります。巣は流されないよう、まわりの茎に固定されています。

つくり手プロフィール

カイツブリ

Tachybaptus ruficollis

カイツブリ科カイツブリ属

英　名　Little Grebe

全　長　約29㎝

生息地　ヨーロッパ、アフリカ、アジアに広く分布

川や湖沼に生息し、水中に潜って小さな魚やエビなどを捕食する水鳥。池のある公園など身近な環境にも生息する。ヨシ原の間などに草や落ち葉を集めた浮き巣をつくって子育てする。足は体の後方にあって、潜水して泳ぐことに適している。

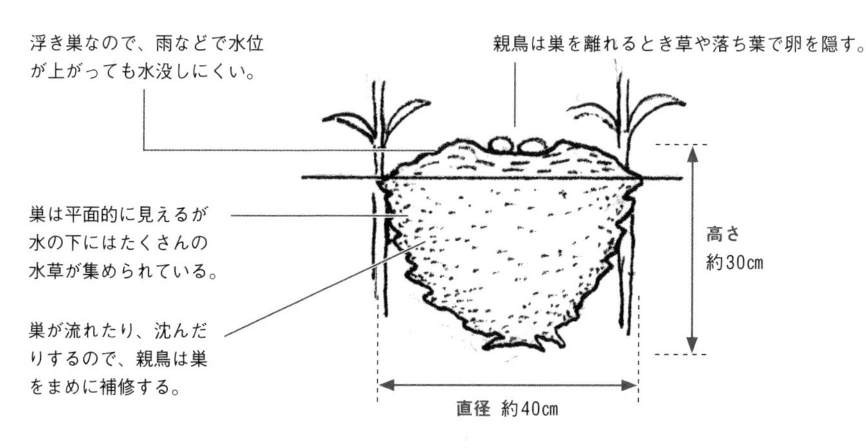

天敵のヘビが泳いで巣に近づくと親鳥は潜水し水中からヘビをつついて追い払い卵やひなをまもります。

産まれたひなは水に浮き、すぐに泳げますが、疲れると親の背中に乗せてもらいます。

最近はヨシ原などの環境が少なくなり水面に垂れている枝などに巣をつくることも多くカラスやサギ類などの天敵に襲われることもあります。

◀◀ **水面より高いところにつくられる巣もあります。**

天敵が近づけない、水面から離れた巣

ハシブトハタオリは水辺に生えるパピルスなどの草の茎に細く裂いた草を巻きつけて編み球形の巣をつくります。出来たばかりの巣は柔らかく、緑色ですが強い日ざしで草はすぐに枯れ、茶色くなります。

つくり手プロフィール

ハシブトハタオリ

Amblyospiza albifrons

ハタオリドリ科ハシブトハタオリ属

英　名　Thick-billed Weaver

全　長　約29cm

生息地　アフリカに広く分布

アフリカに生息するハタオリドリの一種。水辺の草の茎の高い位置に球形の巣をつくる。ハタオリドリのなかまのなかでは、比較的くちばしが太いのが名前の由来。

巣のつくり方

1

2本の茎に、葉を巻きつけてつなげます。

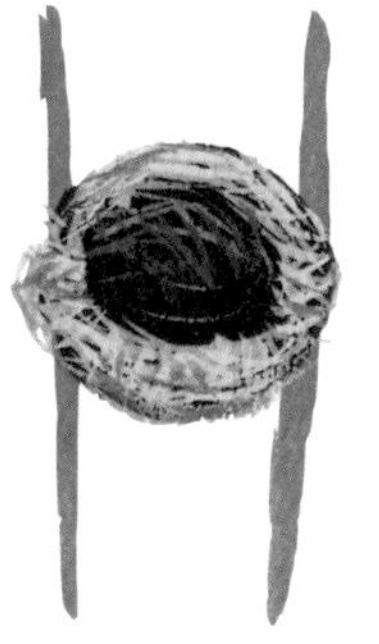

2

草を編んで、丸い部屋をつくります。

3

上に編んでいき出入口を閉じていきます。

4

出入り口をせばめて出来あがりです。

ハタオリドリのなかまは、草を編んで巣づくりするのが名前の由来です。全部で100種以上が知られていますが巣の形や編み方は種によって異なります(11ページのシャカイハタオリもハタオリドリのなかまです)。

川には天敵となるワニやカバが生息します。巣は水面から離れた高いところにあるので、サルなどは近づくことができません。

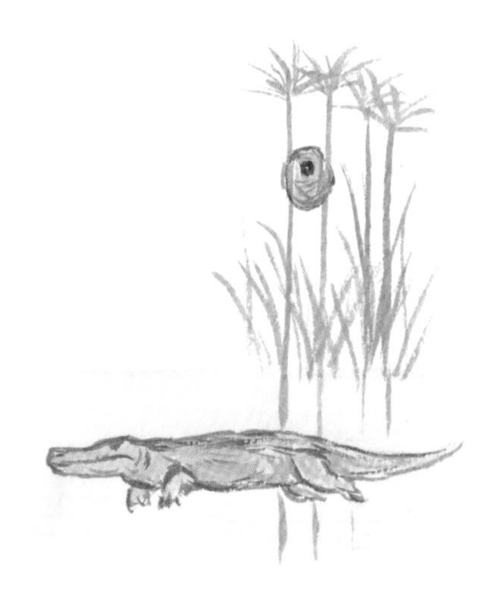

ハシブトハタオリの巣の出入り口は横向きですが
ほかのハタオリドリ類がつくる、出入り口が下向きの巣もあります。

水面から離れ、入り口が下向きの巣

ケープハタオリも、水辺に生える植物の茎に巣をつくります。ハシブトハタオリ（34ページ）と同じように、水面から離れた高い位置に巣をつくりますが、ハシブトハタオリの巣とは異なり巣の出入り口は下向きです。天敵は近づくことができません。

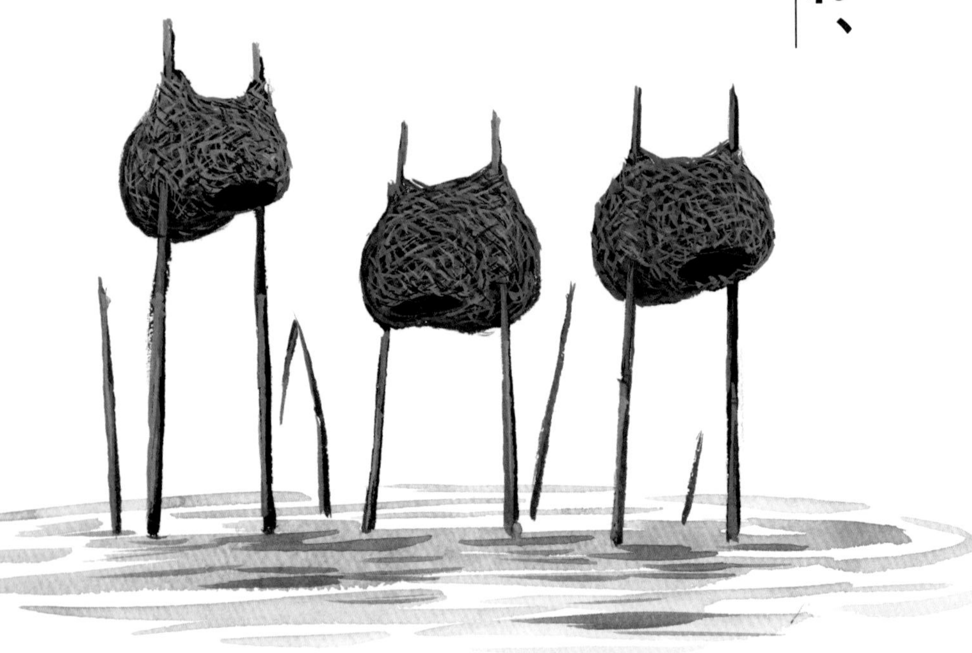

つくり手プロフィール

ケープハタオリ

Ploceus capensis

ハタオリドリ科ハタオリ属

英　名　Cape Weaver

全　長　約18㎝

生息地　南アフリカに分布

ハタオリドリ類の一種で、南アフリカだけに生息する固有種。繁殖期のオスの頭部と下面は鮮やかな黄色で、顔は橙色。メスはオリーブ色を帯びる黄色。植物の種子や昆虫などを食べる。

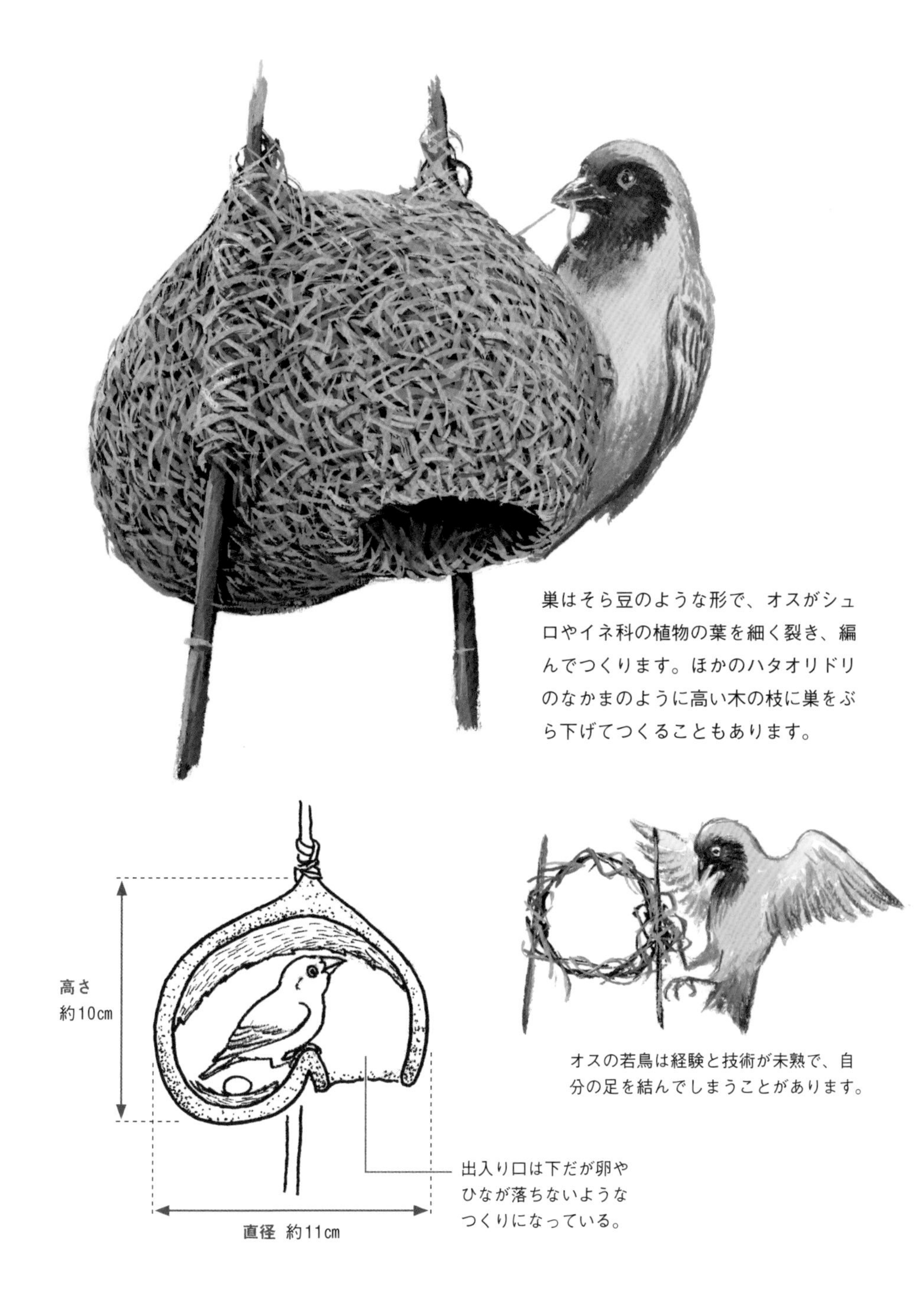

巣はそら豆のような形で、オスがシュロやイネ科の植物の葉を細く裂き、編んでつくります。ほかのハタオリドリのなかまのように高い木の枝に巣をぶら下げてつくることもあります。

オスの若鳥は経験と技術が未熟で、自分の足を結んでしまうことがあります。

◀◀ 巣づくりが下手だと、メスから相手にされません。

巣の出来ぐあいをメスがチェック

これは、キムネコウヨウジャクというハタオリドリのなかまがつくった巣です。キムネコウヨウジャクの生息地は天敵のサルが多い地域なので卵やひなが襲われないよう、サルも近づけないような細い枝先にこのような形の巣をつくります。

枝先に葉を巻きつける。

幅 約15cm

高さ 約45cm

産座には植物の穂などの柔らかい素材を、メスがしく。

巣のつくり始めの輪。

つくり手プロフィール

キムネコウヨウジャク

Ploceus philippinus

ハタオリドリ科ハタオリ属

英　名　Baya Weaver
全　長　約15cm
生息地　インドから東南アジアにかけて分布

スズメ大のハタオリドリ類の一種。繁殖期のオスはその名のとおり、胸が鮮やかな黄色い羽になる。頭部も鮮やかな黄色で、顔は茶褐色。メスはスズメに似た地味な羽色。植物の種子などを食べる。

巣のつくり方

1

オスは細い枝先に、ヤシの葉などを細く裂いて巻きつけ、輪をつくります。

2

輪にとまり、上から下へ編んでいきます。

3

ここまで出来ると、巣の出来ぐあいをメスに見てもらいます。

4

メスは巣づくりの上手なオスと交尾します。オスは輪の片側を丸く閉じて部屋にします。

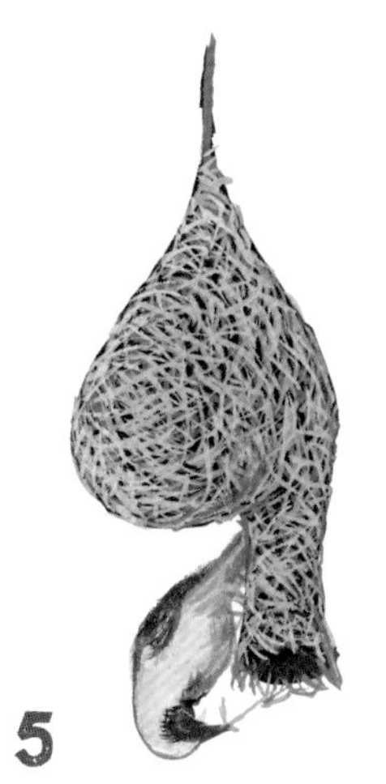

5

輪の反対側を下に伸ばして出入り口にし、出来あがりです。

つくりの悪い巣

巣づくりの下手なオスは、メスの相手にしてもらえません。

枝にしっかりついていない。

編み方がゆるい。

メス

輪が切れそう（卵が落ちてしまう）。

鳥は空を飛ぶために体を軽くする必要があるので、巣をつくり、その中に卵を産んで子育てします。キムネコウヨウジャクの巣の形はまるで妊婦さんのおなかのようです。

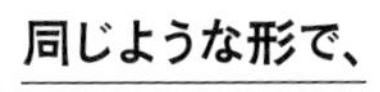

◀◀ 同じような形で、
出入り口の短い巣もあります。

鈴なりにぶら下がる巣

コメンガタハタオリの巣は、キムネコウヨウジャク（38ページ）の巣に似ていて吊り下げ式で出入り口が下向きですが、出入り口の長さが短めです。巣がある程度出来てくると、オスは巣にぶら下がって鳴き、メスを呼びます。

枝先に巻きつける。

屋根の部分は編み方を密にして、雨の侵入を防いでいる。

高さ
約10㎝

幅　約10㎝

つくり手プロフィール

コメンガタハタオリ

Ploceus intermedius

ハタオリドリ科ハタオリ属

英　名　Lesser Masked Weaver
全　長　約15㎝
生息地　東アフリカから南部アフリカ北部に分布

ヤシの葉などを細長く糸のようにくちばしで引き裂いて編み込み、球形の巣を木の上に集団でつくるハタオリドリ類の一種。雌雄とも黄色い羽でオスはくちばしや目のまわりが黒くマスクをかぶっているような顔なのが名前の由来。

巣が鈴なりにぶら下がる

ハタオリドリの多くは群れで生活しているので1本の木にたくさんのオスが巣づくりします。巣が鈴なりにぶら下がりまるで木が飾りつけされているようです。

ハタオリドリのなかまのさまざまな巣

同じハタオリドリのなかまでも種によって編み方や出入り口の長さが異なります。

つくり手プロフィール

ノドグロモリハタオリ

Malimbus cassini

ハタオリドリ科モリハタオリ属

英　名　Cassin's Malimbe

全　長　約17cm

生息地　アフリカ中西部に分布

ノドグロモリハタオリの巣は出入り口が長い。

つくり手プロフィール

オオコガネハタオリ

Ploceus xanthops

ハタオリドリ科ハタオリ属

英　名　Holub's Golden Weaver

全　長　約18cm

生息地　アフリカ中央～南東部に分布

オオコガネハタオリの巣は出入り口が短い。

◀◀ 編むのではなく、別の方法で巣をつくるハタオリドリもいます。

結んでつくるかごのような巣

アカガシラモリハタオリは葉を編むのではありません。枝と枝を結び、形をつくっていきます。出来あがった巣は、かごのようです。向こう側が透けて見え、一見するとつくりが雑に見えますが、しっかり結び合わせられていてがっちりしています。風通しのよい巣は、アカガシラモリハタオリの生息地の暑い気候に合っています。

つくり手プロフィール

アカガシラモリハタオリ

Anaplectes rubriceps

ハタオリドリ科モリハタオリ属

英　名　Red-headed Weaver

全　長　約15cm

生息地　アフリカに分布

名前のとおり、頭部や胸が鮮やかな赤色のハタオリドリ類の一種。落ちている枝や枯れ枝を使って巣をつくる。生息する地域によって頭部の赤い部分と黒い部分の割合が異なっている。

巣のつくり方

1

小枝を取ってきて、片がわの皮をむきます。

2

むいた皮を別の枝に結びつけます。さらに別がわの皮をむき、別の枝と結んでいきます。ここから先は、ほかのハタオリドリと同じ工程で巣をつくります。

托卵を防ぐ

巣の出入り口を長くするのは、サルやヘビに襲われないためですが、カッコウのなかまに托卵されるのを防ぐためでもあります。カッコウのなかまは世界に約140種。その多くがほかの鳥の巣に卵を産み、その巣の親鳥である宿主に子育てさせ、自分では子育てしません。

托卵の流れ

❶ 親鳥がいなくなったすきに、巣内の卵を1個捨て、自分の卵を1個産みます。

❷ カッコウのなかまのひなは、いち早くふ化し、巣内のほかの卵を巣外に捨ててしまいます。

❸ ひなは宿主から餌をもらいながら成長します。宿主は自分よりもひなの体が大きくなっても異変に気づかず、巣立ちまで餌を与え続けます。

アカガシラモリハタオリの巣は、出入り口が細く下にのびているので、カッコウのなかまは巣の中に入れず、托卵することができません。

◀◀ **風通しがよく、涼しい巣もあれば見つからないように工夫した巣もあります。**

黒い鳥の巣もあります

コスタリカなどに住むヒラハシハエトリの巣はハタオリドリの巣と同じ形です。でも、材料は黒く細い根やリゾモルファ（根状菌糸束：キノコになる前のカビのようなもの）など、明らかに黒い材料だけで巣をつくります。黒い色の鳥の巣をつくるのは世界でヒラハシハエトリだけです。

つくり手プロフィール

ヒラハシハエトリ

Yellow-Olive Flycatcher

タイランチョウ科　ヒラハシハエトリ属

英　名　Red-headed Weaver

全　長　約15cm

生息地　中米、南米北部、東部

頭頂部は灰色がかっていて、全体に緑がかった黄色をしたタイランチョウのなかま。中米と南米の熱帯の森林にくらす小型の鳥。名前の由来にもなっている平たい嘴は、上が黒く下が淡いピンク色または灰色になっている。

黒い巣の理由

この鳥が住む地帯は、日差しが強く、ジャングルの中は、日の当たる明るい場所と、影の暗い場所の差がはっきりしています。黒い色なので、影のようで見つかりにくいのです。

高さ
約30㎝

約5㎝

幅 約10㎝

◀◀ **この場所には、驚くような、まったく別の方法で、見つからない巣をつくる鳥がいます。**

周りの葉が大きくなるのを利用した巣

キゴシハエトリの巣の周りには大きな葉がかぶさるように生えています。葉に囲まれた巣は、とても分かりにくくなっています。葉が成長することをうまく利用して、巣をつくっているのです。

つくり手プロフィール

キゴシハエトリ

Myiobius sulphureipygius

タイランチョウ科　キゴシハエトリ属

英　名　Sulphur-rumped Flycatcher
全　長　約13cm
生息地　中米、エクアドル

タイランチョウ科の小さな鳥のなかま。中米の亜熱帯や熱帯の低地にくらす。くちばしの周りに長い剛毛が生えていて、ひげのように見える。

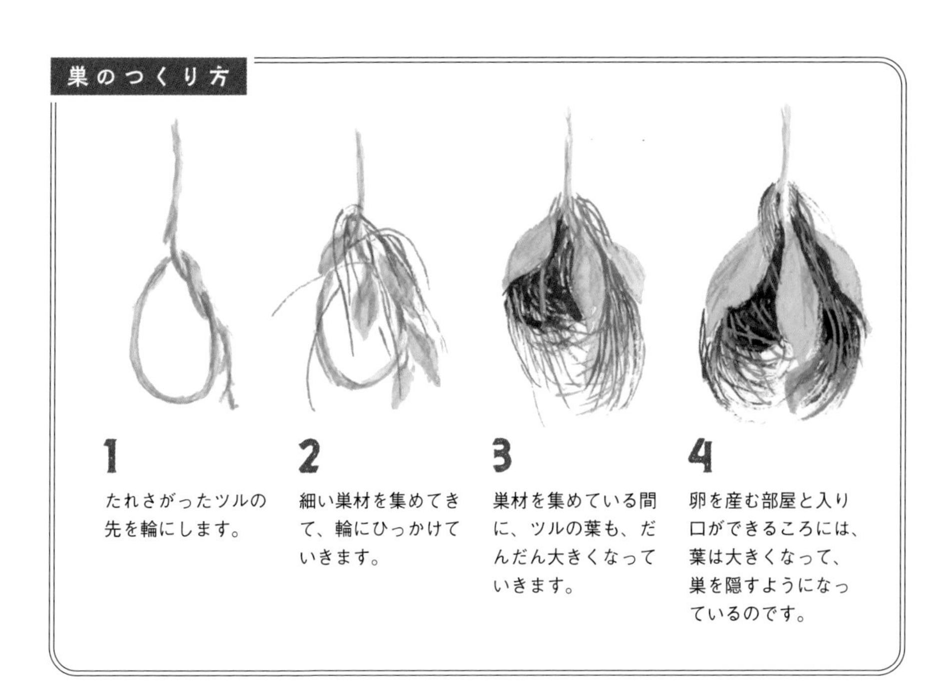

巣のつくり方

1
たれさがったツルの先を輪にします。

2
細い巣材を集めてきて、輪にひっかけていきます。

3
巣材を集めている間に、ツルの葉も、だんだん大きくなっていきます。

4
卵を産む部屋と入り口ができるころには、葉は大きくなって、巣を隠すようになっているのです。

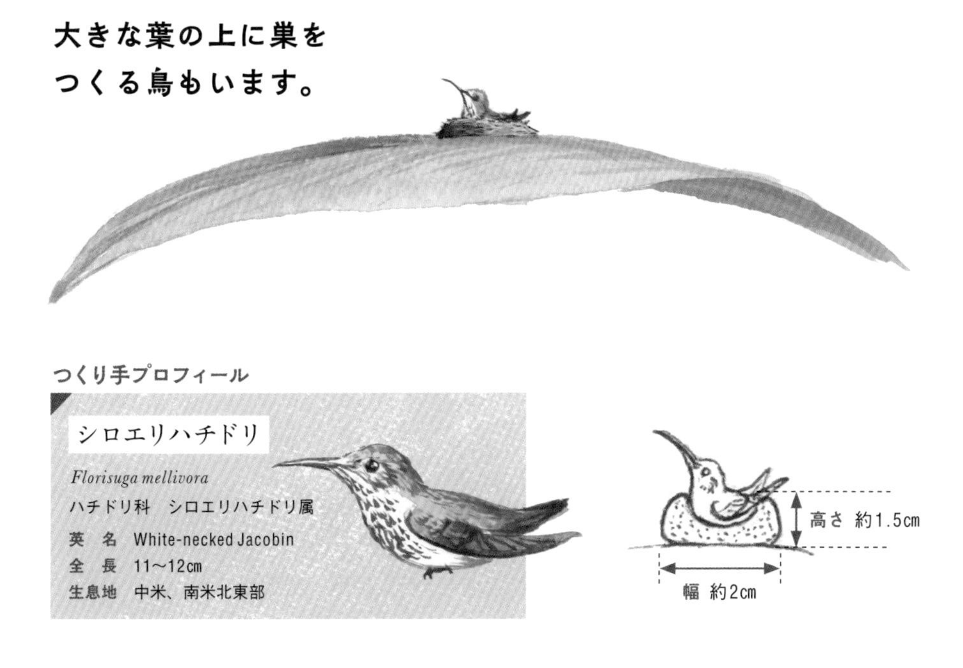

大きな葉の上に巣をつくる鳥もいます。

つくり手プロフィール

シロエリハチドリ

Florisuga mellivora
ハチドリ科　シロエリハチドリ属
英　名　White-necked Jacobin
全　長　11〜12cm
生息地　中米、南米北東部

◀◀ **ジャングルには見つかりにくい巣が、たくさんあります。**

見つかりにくい巣

ミドリフタオハチドリの巣は、たれさがったツルが密集した中につくられます。コケなどで球体になった巣の上はふたのようになっていて、とても見つかりにくくなっています。

高さ
約12㎝

幅 約5㎝

つくり手プロフィール

ミドリフタオハチドリ

Lesbia victoriae

ハチドリ科　ミドリフタオハチドリ属

英　名　Black-tailed Trainbearer

全　長　オス約29㎝、メス約15㎝

生息地　中米、南米北西部

光沢のある明るい緑色のハチドリのなかま。オスの尾羽には、少し上に反ったひじょうに長い飾り羽がある。この飾り羽は全長の半分以上を占める。メスはオスに比べて尾羽がかなり短く、腹側は白い。

ハシナガタイランチョウの巣も、たれさがったツルなどの中につくられるので、とても見つかりにくい巣です。

ジャングルの中ではとても見つかりません。

つくり手プロフィール

ハシナガタイランチョウ

Todirostrum cinereum

タイランチョウ科　ハシナガタイランチョウ属

英　名　Common Tody-flycatcher
全　長　約9cm
生息地　中米、南米中部、東部、

中米、南米の比較的開けた林に生息する小さい鳥。背側は緑色で腹側と虹彩が黄色。雌雄共同で樹上に巣をつくり、昆虫を捕食する。くちばしが長くてまっすぐしているのが名前の由来。

熱帯のジャングルではない寒い地域では、違った方法で、卵とひなを守る巣をつくる鳥がいます。

フェルト質の暖かい巣

ツリスガラはヒツジの毛を集め、くちばしでからませてフェルト質の巣をつくります。巣はとても柔らかく、断熱効果があります。ツリスガラが巣をつくる時期は、ヒツジたちの冬毛が抜ける頃なのでツリスガラに毛をとられてもヒツジたちは怒りません。ヒツジのいない地域では植物の綿毛や穂などを使います。

つくり手プロフィール

ツリスガラ

Remiz pendulinus

ツリスガラ科　ツリスガラ属

英　名　Eurasian Penduline Tit
全　長　約11cm
生息地　中国北部から中央アジア、ヨーロッパ北部に分布

アジアからヨーロッパにかけて生息する小鳥。冬鳥として日本にも飛来し越冬する。オスは頭部が灰色で、目の周囲を黒くて太い線が通っている。メスは頭部や目の周囲が褐色。羊毛などを使って、木に吊り巣をつくるのが和名の由来。

巣のつくり方

1

水辺に生えている、ヤナギなどの枝のまたに羊毛を巻きつけていきます。

2

下部までいったら、両端をつなぎます。

3

下部から、自分のまわりに壁をつくっていきます。

4

出入り口を横向きに伸ばして出来あがり。

川の水面の上に垂れ下がった枝先などに巣をつくるので、天敵が近づけません。

モンゴルの遊牧民は、ツリスガラの古巣を子どもの靴下にするそうです。

◀◀ 天敵の目をあざむく にせの出入り口のある巣もあります。

にせの出入り口のある巣

キバラアフリカツリスガラは、サルやヘビなどの天敵にひなと卵が襲われないように、にせの出入り口のある巣をつくります。どこが巣の本当の出入り口なのでしょうか。

キバラアフリカツリスガラの生息地は夜になるとかなり冷え込むので植物の綿毛や穂、綿花をフェルト状にして巣をつくり巣の中が寒くならないようにしています。

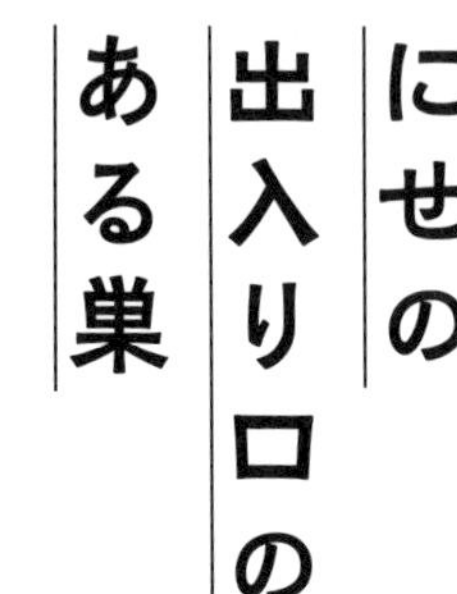

つくり手プロフィール

キバラアフリカツリスガラ

Anthoscopus minutus

ツリスガラ科アフリカツリスガラ属

英　名　Cape Penduline Tit

全　長　約10㎝

生息地　アフリカ南西部に分布

木の枝の先などに、吊り飾りのような巣をつくるツリスガラ類の一種。アフリカに生息する鳥で最小種の1つ。くちばしがとがっていて、昆虫類の捕食に適している。ダミーの巣穴がある巣をつくる。

いかにも巣の出入り口かのように見える、大きな穴の先はすぐ行き止まりです。大きな穴の上の、ひさしのような部分が本当の入り口なのです。

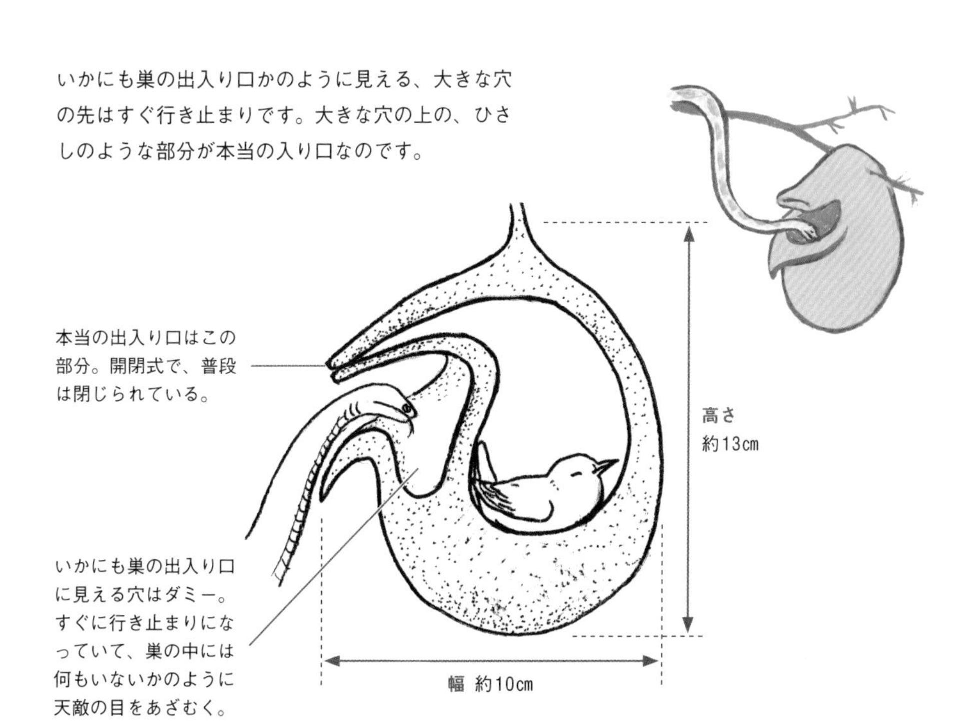

本当の出入り口はこの部分。開閉式で、普段は閉じられている。
いかにも巣の出入り口に見える穴はダミー。すぐに行き止まりになっていて、巣の中には何もいないかのように天敵の目をあざむく。
高さ約13cm
幅 約10cm

巣の出入り方法

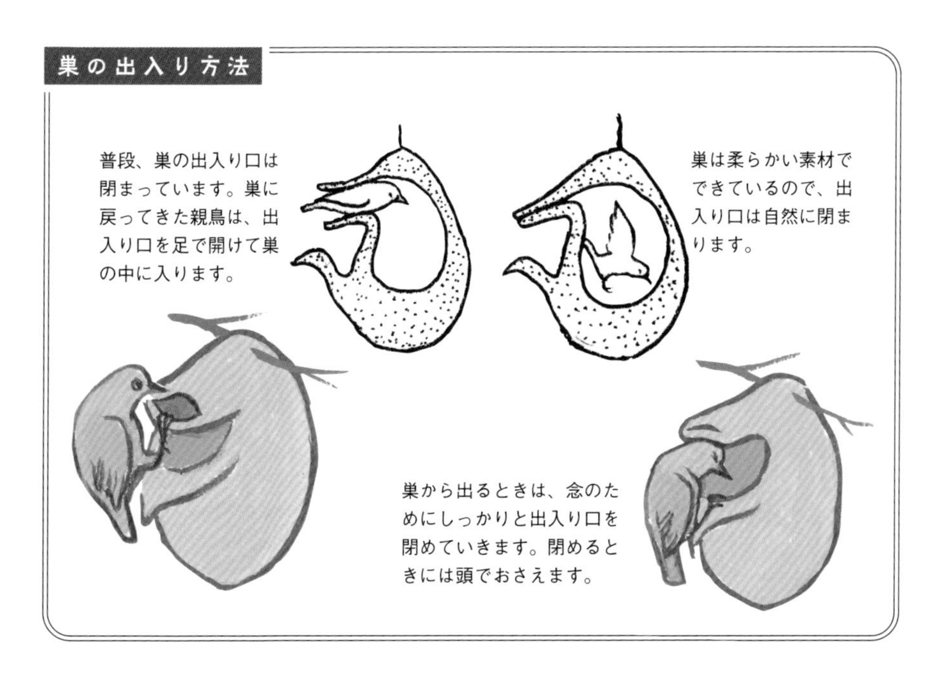

普段、巣の出入り口は閉まっています。巣に戻ってきた親鳥は、出入り口を足で開けて巣の中に入ります。
巣は柔らかい素材でできているので、出入り口は自然に閉まります。
巣から出るときは、念のためにしっかりと出入り口を閉めていきます。閉めるときには頭でおさえます。

◀◀ **いざというときのための非常口がある巣もあります。**

緊急避難口のある巣

マミジロスズメハタオリのつくる巣には緊急時に脱出するための出入り口があります。
マミジロスズメハタオリは、木の枝のまたなどに草を集めラグビーボールのような形の巣をつくります。巣は左右それぞれに穴があいているのが特徴です。生息地には天敵であるヘビが多いので、出入り口以外に緊急避難口をつくって襲われたとき、すぐに逃げられるように備えているそうです。

ヘビが巣を襲おうとしてももう1つの穴から逃げることができます（ねぐらとして使う非繁殖期の巣）。

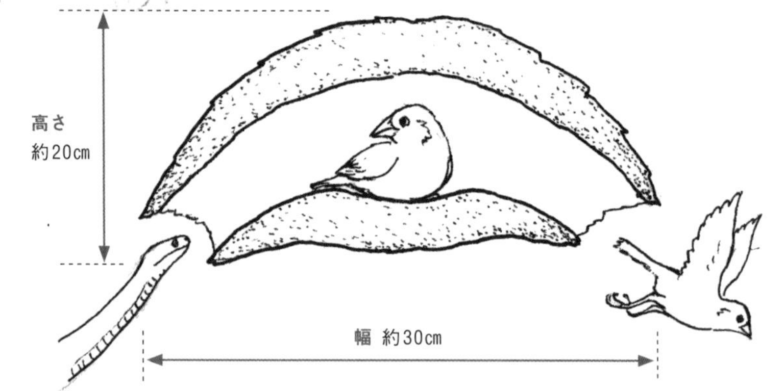

つくり手プロフィール

マミジロスズメハタオリ

Plocepasser mahali

スズメ科スズメハタオリ属

英　名　White-browed Sparrow Weaver
全　長　約15cm
生息地　アフリカ南東部に分布

アフリカ南東部に広く分布している小鳥。個体数が増加傾向にあり、分布域も拡大傾向にある。集団で繁殖するが繁殖つがいはつがいになっていない若鳥をヘルパーにし、自分たちのなわばりをまもらせているといわれる。

繁殖期には片方の穴を閉じて産室
(卵を産む部屋)にします。

◀◀ **とても高いところにつくられる、とても長い巣があります。**

高いところにつくられる長い吊り巣

オオツリスドリは、30メートル以上もある高い木の枝先に草を編み、1メートルもある長い巣を吊り下げます。

天敵のサルが登ってきたとしても巣の中までは手が届きません。

集団で巣づくりするので1本の木に沢山の巣がぶら下がっています。

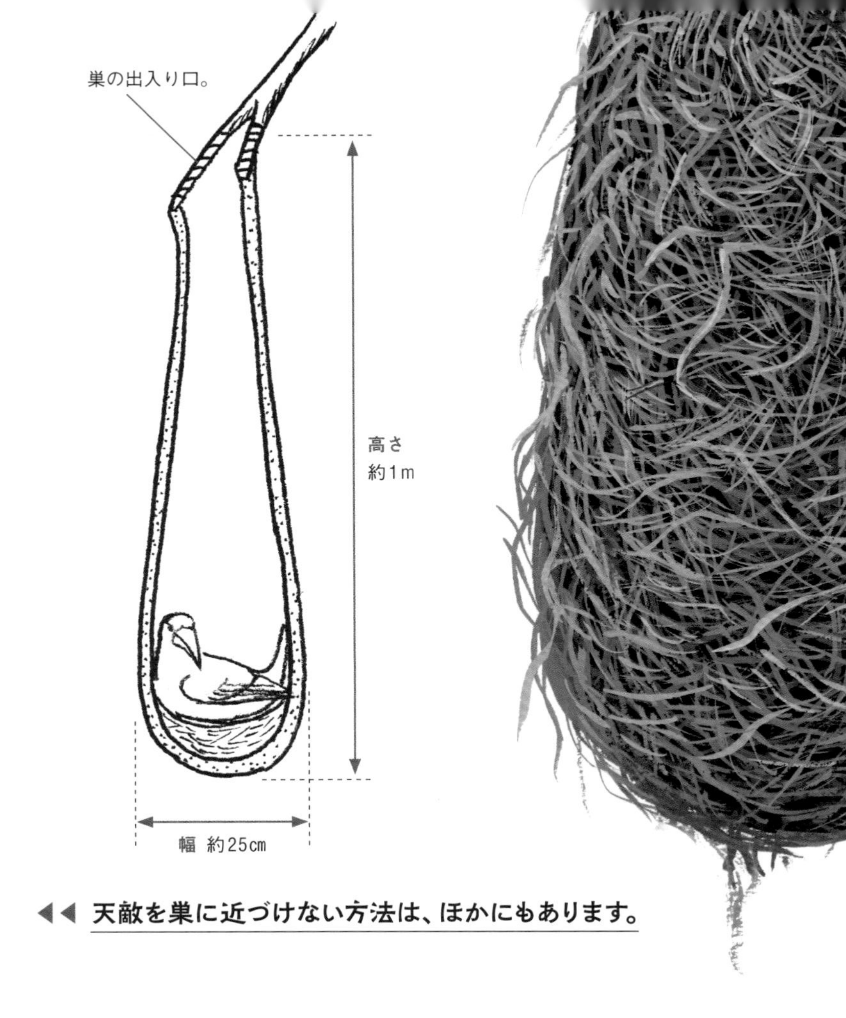

◀◀ 天敵を巣に近づけない方法は、ほかにもあります。

つくり手プロフィール

オオツリスドリ

Psarocolius montezuma

ムクドリモドキ科オオツリスドリ属

英　名　Montezuma Oropendola

全　長　約48cm

生息地　メキシコ、パナマに分布

空き地や畑など、人が生活する環境の近くに一年中生息する大型の鳥。雑食性で昆虫や果実などを食べるほか、花の蜜もなめる。枝につかまりながら頭から落ちるように翼と尾羽を広げ、機械的な声を出すという独特の求愛行動をする。

ハチをボディガードにする鳥

キゴシツリスドリはスズメバチの巣のそばに巣をつくります。サルやハナグマなどの天敵が巣に近づくとハチは自分の巣を襲う天敵と見なし、襲いかかります。

つくり手プロフィール

キゴシツリスドリ

Cacicus cela

ムクドリモドキ科ツリスドリ属

英　名　Yellow-rumped Cacique

全　長　約30cm

生息地　中米から南米南東部にかけて分布

オオツリスドリ（56ページ）より一回り小さいツリスドリ類の一種。ほぼ全身が黒く、下腹と上尾筒は鮮やかな黄色で、虹彩は青い。くちばしは長めで先端がとがる。雑食性で昆虫類や果実を食べる。

キゴシツリスドリがハチに何かよいことをするわけではないのですが、ハチがキゴシツリスドリを襲うことはなぜかありません。

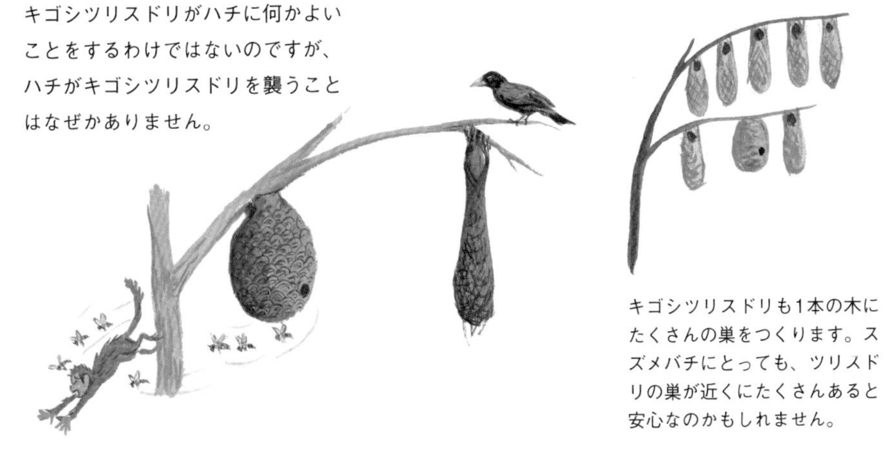

キゴシツリスドリも1本の木にたくさんの巣をつくります。スズメバチにとっても、ツリスドリの巣が近くにたくさんあると安心なのかもしれません。

◀◀ ハチ以外にも、巣をまもる味方がいます。

ハチではなくアリに巣をまもってもらう鳥もいます

コスタリカなどに住むクロオビマユミソサザイは、木の枝にひっかけるように巣をつくります。その木には獰猛なアリがたくさん住んでいて、木に登ろうとすると、大群で襲ってきます。アリはクロオビマユミソサザイには、何もしません。

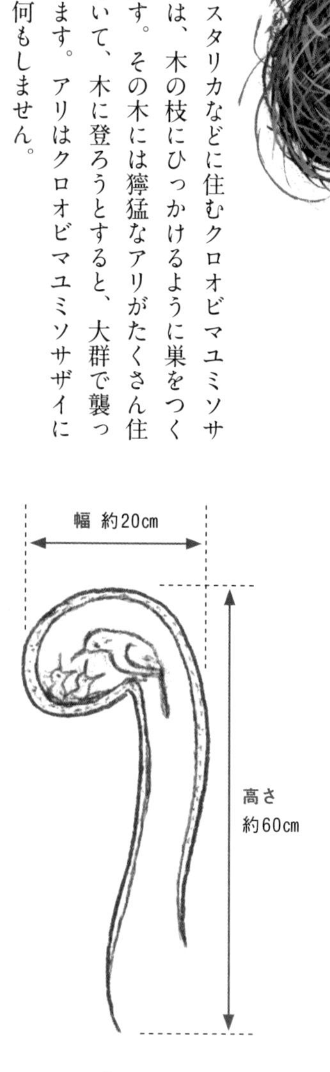

つくり手プロフィール

クロオビマユミソサザイ

Thryophilus pleurostictus

ミソサザイ科　マユミソサザイ属

英　名　Banded Wren
全　長　約15㎝
生息地　中米

中米にくらしている鳴き声が美しい鳥。木の枝につくられる巣は、アリの巣の近くにつくられることが多い。下腹部や脇腹に黒い帯模様があるのが和名の由来。ペアや家族のグループで地面に降りてエサを食べることもある。

木の枝ではない変わったところに巣をひっかける鳥もいます。

日本にもいるカワガラスは、普通は滝の裏の岩の隙間や渓流沿いの岩の上などに巣をつくります。でも、隙間も丁度良い岩がないところでは橋げたにひっかけて巣をつくることもあります。

安全な場所に安全な形の巣をつくろうと工夫したことで、このような形になったのでしょう。

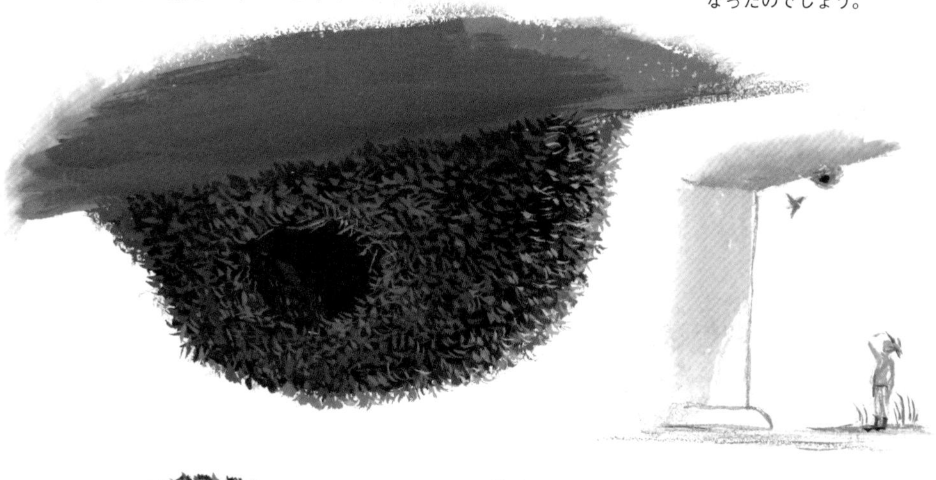

ふつうはコケを集めたドーム状の巣をつくります。

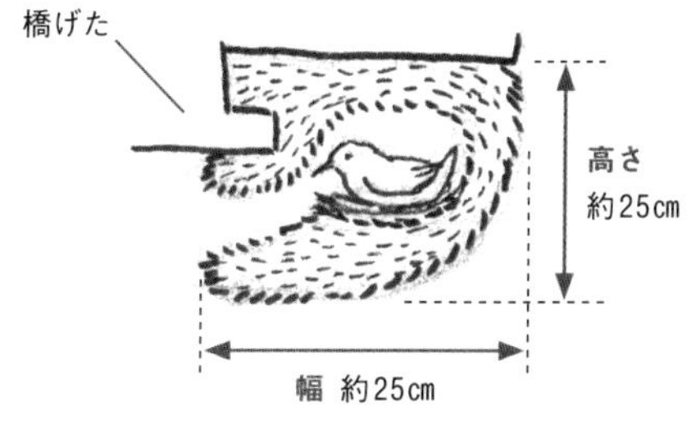

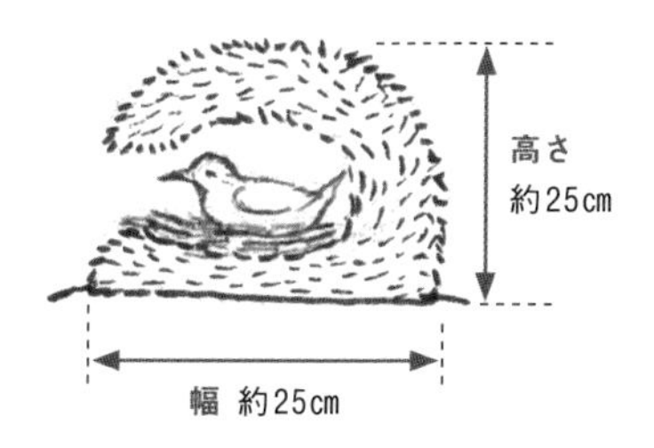

つくり手プロフィール

カワガラス

Cinclus pallasii

カワガラス科　カワガラス属

英　名　Brown Dipper

全　長　約22cm

生息地　東南アジア、中国東部からカムチャッカ半島

◀◀ 別の意味で近づきにくい場所に巣をつくる鳥もいます。

サボテンのとげにまもられる巣

サボテンミソサザイはその名のとおり、サボテンに巣をつくります。巣はサボテンの鋭いとげに囲まれ、守られます。

巣の出入り口は横向きで、奥が産室（卵を産む部屋）になっています。周囲にはサボテンのとげが密集していて、とても近づくことはできません。

つくり手プロフィール

サボテンミソサザイ

Campylorhynchus brunneicapillus

ミソサザイ科サボテンミソサザイ属

英　名　Cactus Wren
全　長　約22㎝
生息地　アメリカ南東部からメキシコにかけて分布

アメリカ南東部からメキシコの砂漠地帯に生息するミソサザイ類の一種。長い尾羽とやや下向きに反ったくちばしが特徴的。雑食性で昆虫類や小動物、果実や種子を食べる。水分のほとんどを食べ物から得ている。

オオミチバシリも、サボテンに皿形の巣をつくります。ガラガラヘビなどの天敵が卵やひなを狙いますがサボテンのとげがあるので、巣に近づけません。

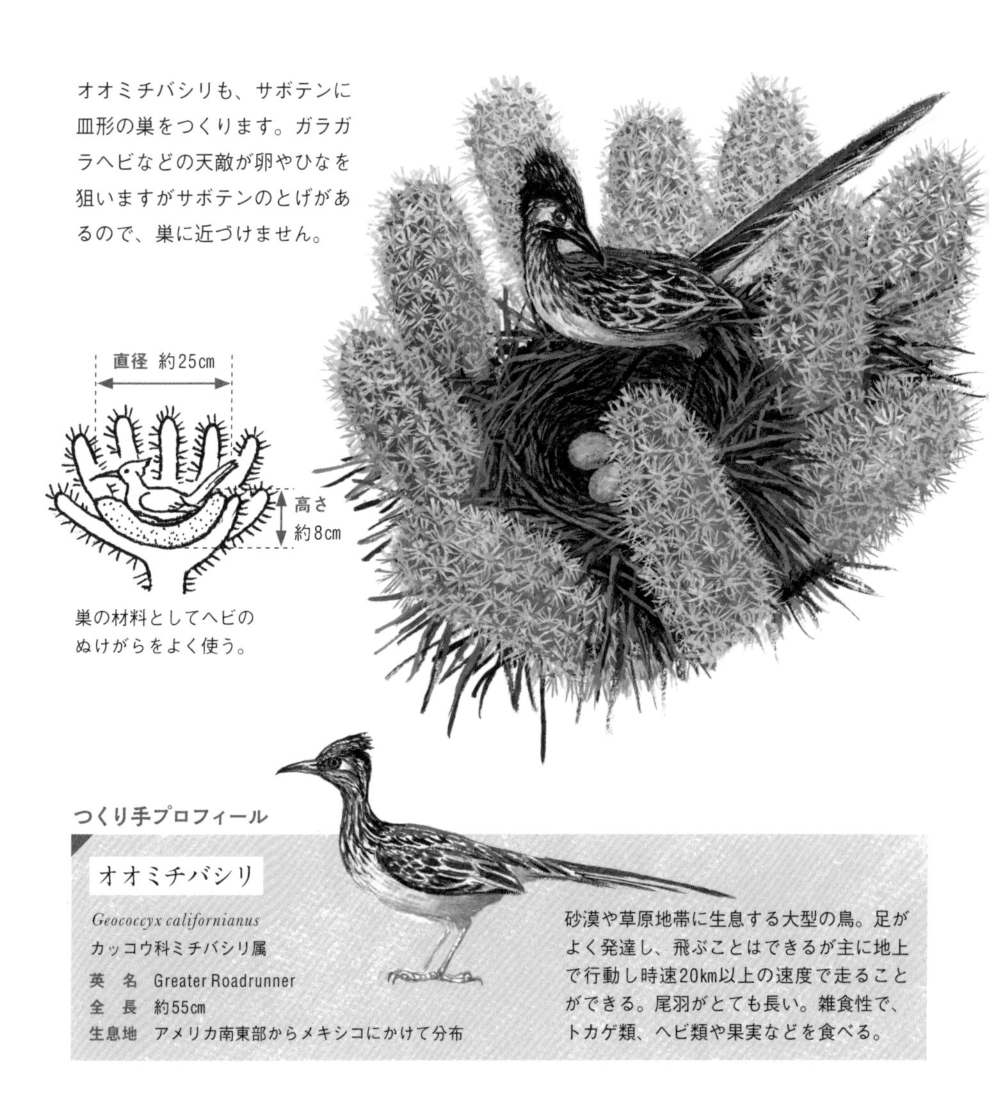

巣の材料としてヘビのぬけがらをよく使う。

つくり手プロフィール

オオミチバシリ

Geococcyx californianus
カッコウ科ミチバシリ属
英　名　Greater Roadrunner
全　長　約55cm
生息地　アメリカ南東部からメキシコにかけて分布

砂漠や草原地帯に生息する大型の鳥。足がよく発達し、飛ぶことはできるが主に地上で行動し時速20km以上の速度で走ることができる。尾羽がとても長い。雑食性で、トカゲ類、ヘビ類や果実などを食べる。

（とげで身をまもる生きもの）

生存競争の厳しい自然界では生き残れないと子孫を残せません。とげも身をまもる方法の一つです。

インドタテガミヤマアラシ

ノアザミ

◀◀ 巣を持ち歩いて身をまもる生きものもいます。

巣を持ち歩くタコ

メジロダコは二枚貝やヤシの実など堅くしっかりしていて、自分の体の大きさに合うものを常に持ち歩きます。危険を感じると素早く中に入り、ふたを閉じて身をまもります。

天敵のウツボが近づいても安心。

つくり手プロフィール

メジロダコ

Amphioctopus marginatus

マダコ科マダコ属

英　名　Coconut Octopus
全　長　約30㎝
生息地　インド～西太平洋の温暖な海域に分布

身をまもるために二枚貝などを持ち歩く習性のあるタコの一種。ユニークな習性は「貝持ち行動」と呼ばれ、ヤシの実や人工物も利用する。自分の体の大きさに合うものを見つけると手放さない。

身をまもるために
いろいろなものを利用する。

体の大きさに合うものなら、二枚貝だけでなく陶器やびんなどの人工物も利用します。熱帯域ではヤシの実の殻を二枚貝のように利用するので、ココナッツ・オクトパスと呼ばれます。

殻で身をまもる生きもの

カタツムリ

産まれたときから殻がある。

ヤドカリ

成長に応じて、体の大きさに合う殻に換えていく。

カイダコ類

殻をつくるタコのなかま（メスのみ）。

ネコが箱に入りたがるのも安心できる場所を求める気持ちからかもしれません。

◀◀ 体からの分泌液でつくる巣もあります。

体から出る分泌液でつくる巣

オタマボヤはオタマジャクシのような形をした小さなプランクトンで、世界中の海にすんでいます。自ら分泌する液から「ハウス」と呼ばれるゼラチン質の構造物をつくり、その中にすみ、流れてくるプランクトンを集めて食べます。

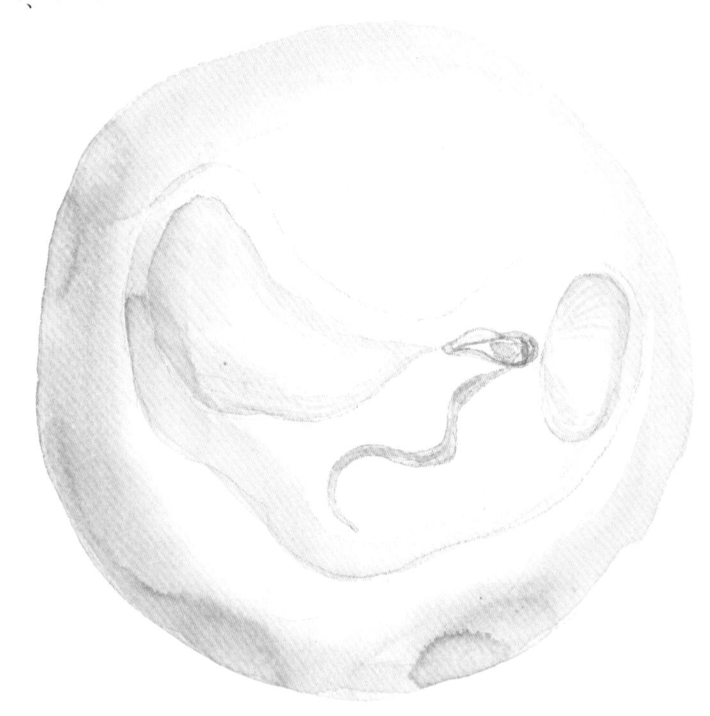

つくり手プロフィール

オタマボヤ

Oikopleura sp.

オタマボヤ科オイコプレウラ属

英　名　Larvacean
全　長　約5mm
生息地　全世界の海

ホヤに近い尾索（びさく）動物のなかまで、浮遊生活する小さなホヤの一種。オタマジャクシのような形をしている点はホヤと共通だが、ホヤが成長すると変態して海底に付着するのに対し、オタマボヤは一生オタマジャクシの形で浮遊生活する。

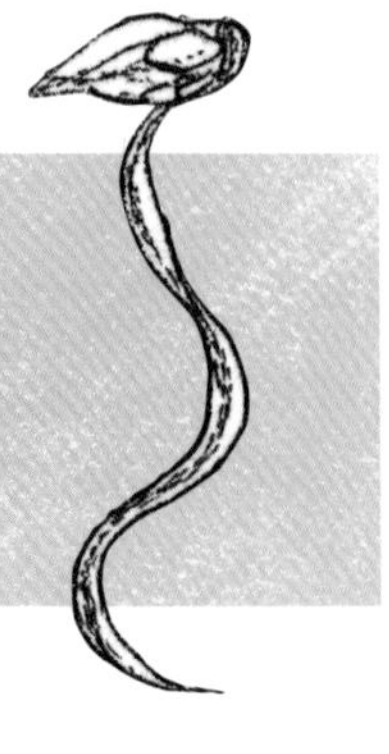

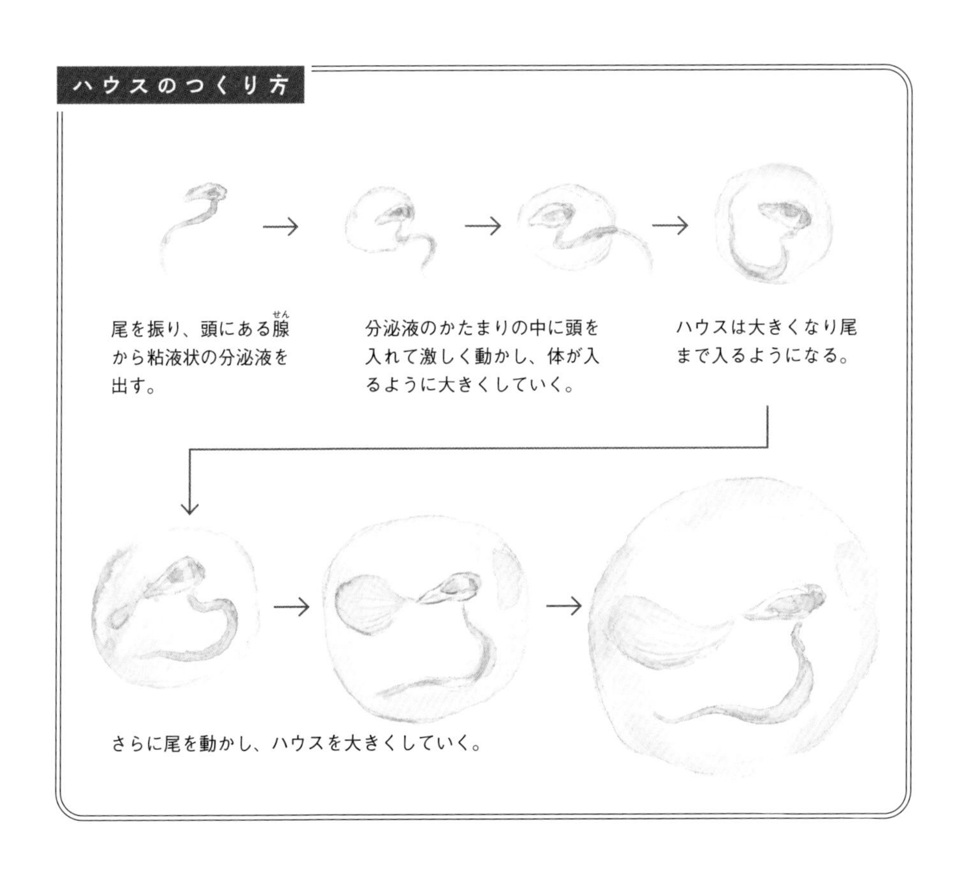

オタマボヤがハウスをつくりあげるまではたった数分。いつでもどこでもつくることができます。ハウスの入り口と、中にはフィルターがあり、食べやすい大きさのプランクトンを集めて口元に導く機能があります。フィルターが目詰まりすると、古いハウスを捨てて、新しいハウスをつくります。古いハウスはほかの生きものの食べ物になります。

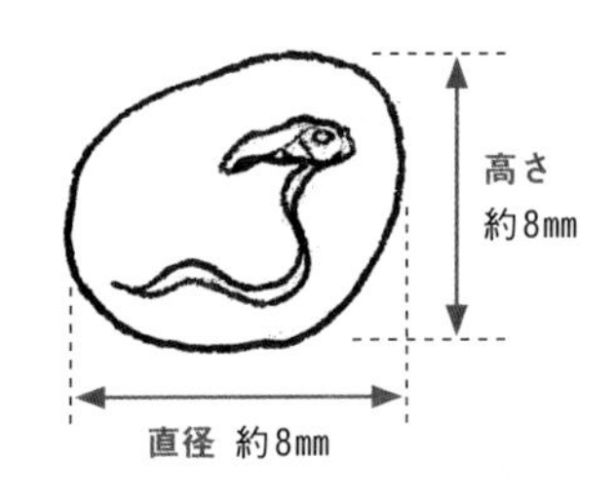

ほかの生きものを食べて、
その体の中で子育てをする生きものもいます。

獲物を巣にする生きもの

オオタルマワシは全長約3センチの小型の甲殻類（エビ・カニのなかま）です。浮遊性のホヤのなかま（ヒカリボヤやサルパ）などゼラチン質の体をした生きものを捕らえ体内組織をくり抜くように食べた後外側の部分を樽形に加工しその中に入って暮らし、卵を産みます。

つくり手プロフィール

オオタルマワシ

Phronima sedentaria

タルマワシ科タルマワシ属

英　名　Deep-sea Pram Bug
全　長　約3cm
生息地　太平洋〜インド洋〜大西洋に広く分布

透明でエビのような体をした小型の甲殻類。2本の大きなはさみをもちエイリアンのような恐ろしげな姿をしている。サルパやヒカリボヤなどゼラチン質の生きものを襲って捕食し、その体を巣にするという猟奇的な生態もどこかエイリアンのよう。

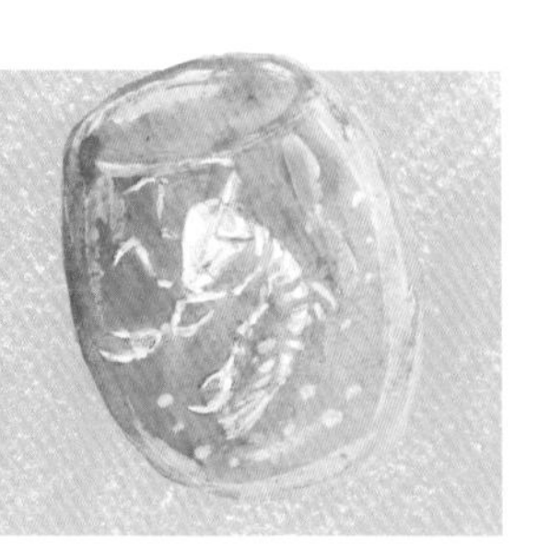

タルマワシの獲物

オキクラゲの幼体　ヤナギクラゲのなかま　アンドンクラゲのなかま

産まれた子どもたちは、ゆりかごのような巣の外側のゼラチン質を食べたり親が捕まえて入れてくれるクラゲなどを食べたりして成長します。子どもたちは、食べられるゆりかごの中でまもられているようなものです。ゆりかごが樽のような形をしていて、親がそれを押している姿からタルマワシと名づけられました。

自分の体がすっぽり入るくらいの大きさ。

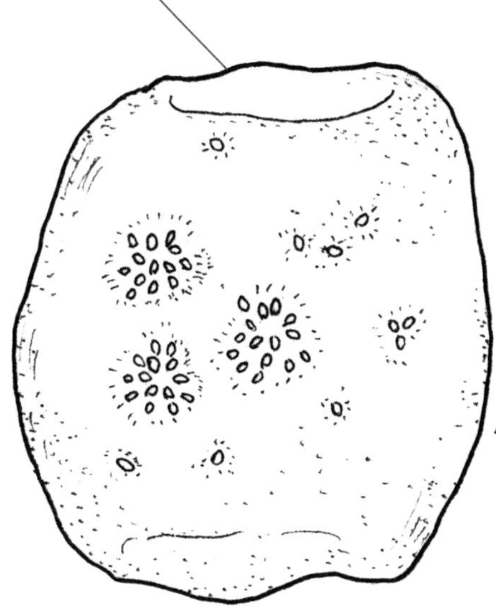

海の中のこんな小さな生きものも、新しい生命を産み育てるために安全な空間をつくっているのです。

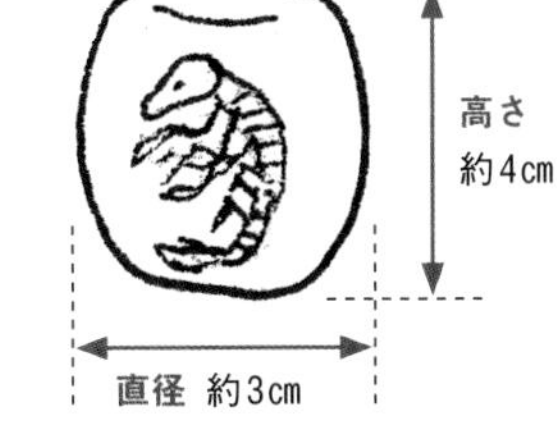

◀◀ 水の中に古代の遺跡のような
巨大な巣をつくる小さな魚がいます。

古代の遺跡のような巣

これは、2012年「海底にミステリーサークルを作る魚がいた！」と世界で初めて発見されたアマミホシゾラフグの巣です。アマミホシゾラフグは約15㎝くらいの魚ですが、巣は2ｍくらいもあります。九州と沖縄の間の奄美大島の辺の海に住む魚です。

つくり手プロフィール

アマミホシゾラフグ

Torquigener albomaculosus

フグ科　シッポウフグ属

英　名　White-spotted Puffer Fish

全　長　11㎝前後

生息地　奄美大島、琉球諸島近海

奄美大島や沖縄県の水深10～100ｍまでの砂底付近にいるシッポウフグのなかま。体は白から淡い褐色で、多くの白い斑点が見られるのが名前の由来。海底の砂地に産卵巣をつくり、オスが産まれた卵の世話をする。

サークルのつくり方

1 オスが　気にいった場所を決め、海草などを取りのぞく。

2 体をおしつけ、ひれを動かし、砂をまきあげて進む。

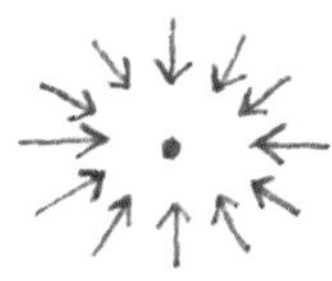

3 まわりから中心にむかって進んでいく。

白い貝殻を噛みくだき、山の上に飾ります。サークルの中にゴミが入ると、外に運び出します。

メスが来ると、オスはメスのほっぺたをくわえ、産卵を促します。産卵後、メスはどこかへ行ってしまいますが、オスは残って、他の魚が来ると追い払い、卵を守ります。

◀◀ **水の中に球体の巣をつくる魚もいます。**

魚がつくる
球形の巣

エゾトミヨは北海道にすむトゲウオ科の魚です。オスが水草を集めて球形の巣をつくり、メスはその中に卵を産みます。卵がふ化し、子どもが成長するまでオスが世話をします。

つくり手プロフィール

エゾトミヨ

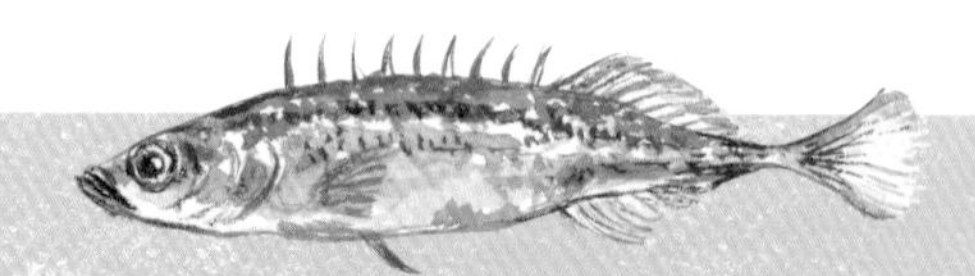

Pungitius tymensis

トゲウオ科トミヨ属

英　名　Sakhalin Stickleback

全　長　約6cm

生息地　北海道、サハリンの河川に分布

国内では北海道のみに生息するトミヨ類の一種。水草が茂り、流れがゆるい川を好む。トミヨ類、イトヨ類のなかでも背中のとげが多く、体型がずんぐりしているのが特徴。4～7月に球形の巣をつくり産卵する。

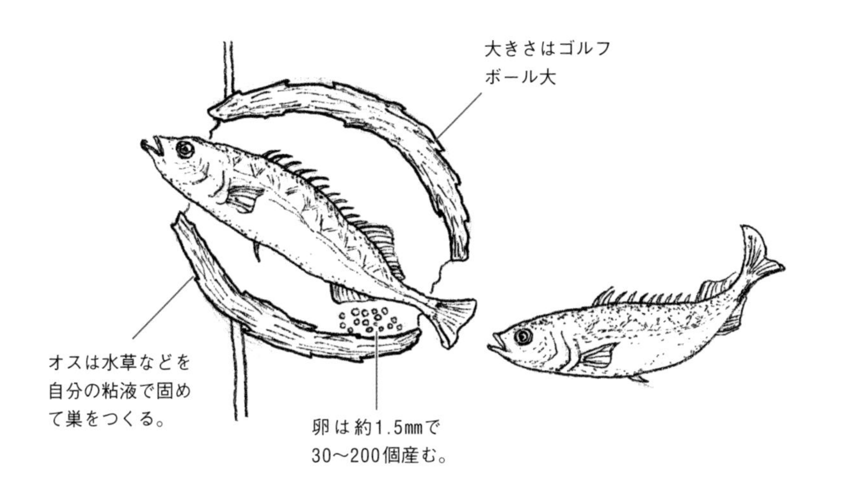

エゾトミヨの子育て

1

オスは巣をつくり、ジグザグに泳いで、メスに求愛する。

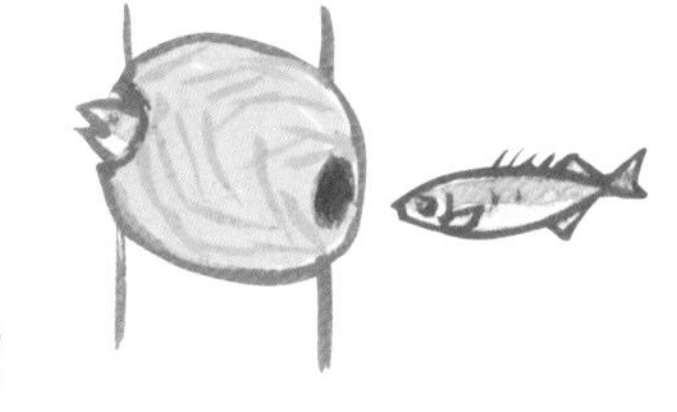

2

オスを気にいると、メスは巣に入って産卵する。オスも巣に入り、卵に精子をかける。

3

オスは巣と卵をまもりながら、ひれであおぎ、巣の中の卵に新鮮な空気を送る（ファンニング）。

4

卵は7〜10日でふ化する。オスは子どもが巣を離れるまでまもる。

◀◀ 同じように球形の巣をつくる生きものがいます。

草の茎につくる球形の巣

カヤネズミは野原や河川敷などにすむ世界最小のネズミでススキやチガヤなどの茎に、植物の葉を使って球形の巣をつくります。

つくり手プロフィール

カヤネズミ

Micromys minutus

ネズミ科カヤネズミ属

英　名　Harvest Mouse
全　長　6〜7㎝
生息地　ヨーロッパからアジアにかけて広く分布

世界最小のネズミの一種。イネ科の植物の茎に球形の巣をつくる。長い尾を手足のように使うことができ、地上から離れた「空中」を自在に動きまわることができる。季節に応じて巣の高さを変え、真冬は地下で暮らす。

2種類の巣を使い分ける

カヤネズミがつくる球形の巣には子育て用と、休息・一時避難用の2種類があります。

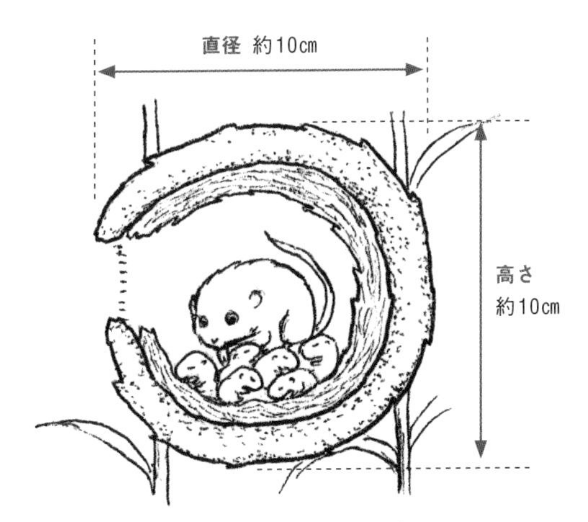

子育て用の巣は大きめでつくりがしっかりしている。内装にはススキの穂などの柔らかい素材を入れる。

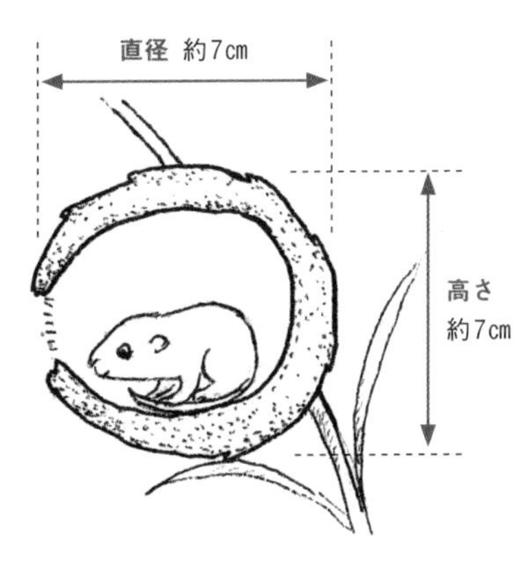

休息・一時避難用の巣は子育て用に比べて小さく、大ざっぱなつくり。

巣のつくり方

回りながら自分のまわりに草を集め、丸く編んでいく。

緊急時には引っ越しする

カヤネズミは警戒心がとても強く、人が近くを歩く振動をとらえて隠れるほど。巣がほかの生きものに荒らされるなど危険を感じると、新たな巣に引っ越します。

古い巣の近くに新しい巣をつくり、子どもをくわえて運ぶ。

◀◀ **木の上に球形の巣をつくる生きものもいます。**

木の上の球形の巣

ニホンリスは木の上の枝のまたなどに、枯れ葉、つる、樹皮や小枝などを使い横向きの出入り口がある巣をつくります。ニホンリスは日中行動し、朝になると巣を出て、夕方、巣に戻ります。1頭のリスは、自分の行動範囲内に使用できる巣を同時に数個もっていて状況に応じて使い分けています。

つくり手プロフィール

ニホンリス

Sciurus lis

リス科リス属

英　名　Japanese Squirrel

全　長　30〜40cm

生息地　本州、四国、九州に分布

日本固有種のリスの一種。ふさっとした尾をもち、地上や樹上を素早く動きまわる。植物食で、植物の果実や種子などを食べ、オニグルミの堅い殻も鋭い歯でこじ開ける。食糧の少ない冬に備え、ドングリやクルミを土の中に埋める貯食行動がみられる。

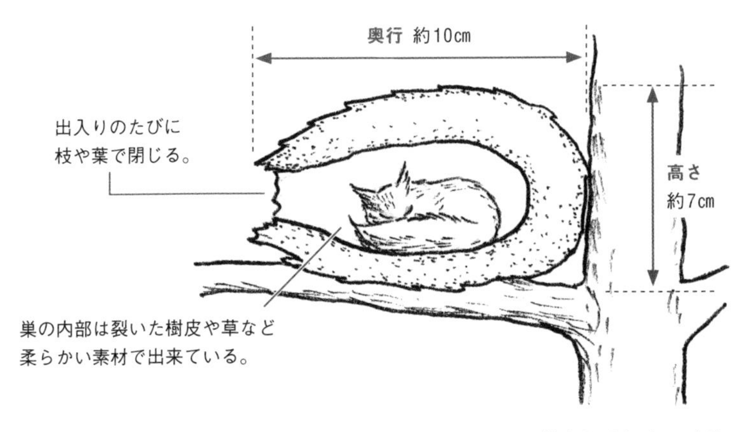

地上5〜20mにつくる。

カラスのなかまのカケスも、同じような場所に同じくらいの大きさのおわん形の巣をつくります。下から見ると、一見リスの巣のように見えますが、中央がくぼんで産座（卵を産む場所）になっていて、細かい素材を使っています。リスの巣のような横向きの出入り口もないので、よく見ると区別できます。

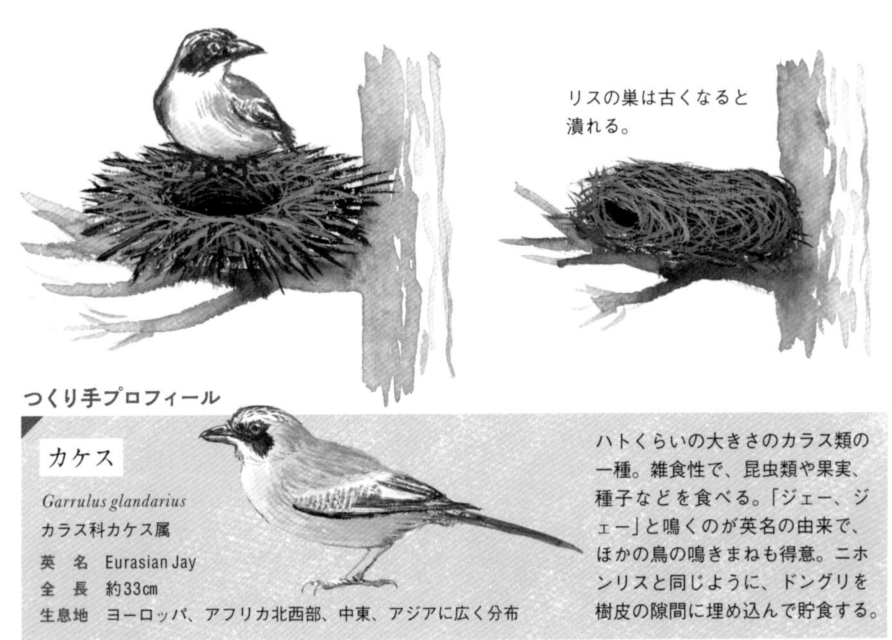

つくり手プロフィール

カケス

Garrulus glandarius

カラス科カケス属

英　名　Eurasian Jay
全　長　約33cm
生息地　ヨーロッパ、アフリカ北西部、中東、アジアに広く分布

ハトくらいの大きさのカラス類の一種。雑食性で、昆虫類や果実、種子などを食べる。「ジェー、ジェー」と鳴くのが英名の由来で、ほかの鳥の鳴きまねも得意。ニホンリスと同じように、ドングリを樹皮の隙間に埋め込んで貯食する。

◀◀ **リスの巣は横長の球形ですが**
葉を集めてつくられた、レタスのような形の巣もあります。

レタスのような形の巣

日本の森にすむヤマネは木や岩の上、樹洞などに枯れ葉を集め、レタスのような形の巣をつくります。子育て用の巣は樹皮やコケを使って編み内部にはコケを運び込んで赤ちゃんを寒さからまもります。

樹洞の場合　　枝の上の場合

つくり手プロフィール

ヤマネ

Glirulus japonicus

ヤマネ科ヤマネ属

英　名　Japanese Dormouse
全　長　10〜15㎝
生息地　本州、四国、九州に分布

日本の森林にすむネズミの一種で、日本だけに生息する固有種。長いひげと、背に入った黒い縦線が特徴的で、山ネズミの別名でも呼ばれる。雑食性で、花の蜜や植物の果実や昆虫類を食べる。

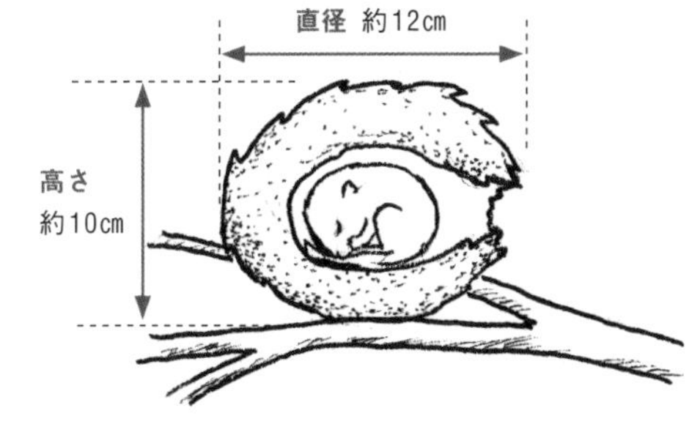

ヤマネはよく冬眠する生きものとして知られています。冬に備えて十分に栄養を蓄え、気温が下がってくると体を丸めて冬眠します。樹洞や樹皮の隙間、地中や落ち葉の下、巣箱や民家など状況に応じていろいろな場所で、自ら体温を下げて代謝を抑え、飲まず食わずで眠り続けます。

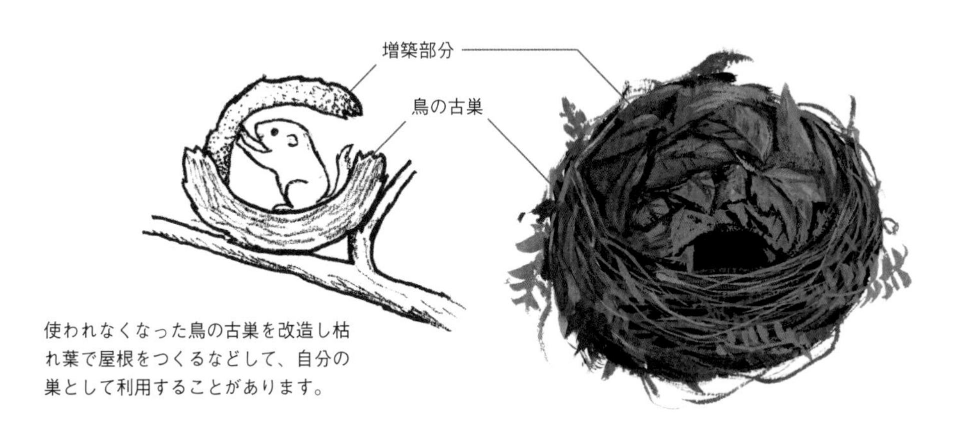

使われなくなった鳥の古巣を改造し枯れ葉で屋根をつくるなどして、自分の巣として利用することがあります。

◀◀ 木の上に鳥の巣のような巣をつくる哺乳類もいます。

鳥の巣のような日替わりベッド

アフリカに住むチンパンジーは、夜にヒョウなどに襲われないよう、木の上に鳥の巣のようなベッドをつくり寝ます。チンパンジーは森の中を移動して暮らしているので、毎日寝る前に新しい巣をつくっているのです。

つくり手プロフィール

チンパンジー

Pan troglodytes

ヒト科　チンパンジー属

英　名　Chimpanzee

全　長　約60〜90㎝

生息地　アフリカ中部

系統的に最もヒトに近い霊長類。深い森の中を集団で移動しながら暮らしている。毎日つくられる樹上のベッドは、ヒトにとっても寝心地の良いサイズ。樹上のベッド以外にも、木の棒を使ってシロアリを食べるなど道具も使用している。

葉を集めやわらかくします。
枝を曲げたりからめます。

チンパンジーは森の中で果実などを食べて暮らしています。夕方、寝る前になると周りの枝を引き寄せて集め、曲げたり重ねたりしてしっかりさせ、上には葉を乗せ柔らかくして寝心地が良いようにしています。

ほかのサルは。枝の分かれ目などで寝ます。

木登りが上手なヒョウでも登れないような細い木です。
高さは5〜20m

◀◀ **チンパンジーではない哺乳類でも、木の上に巣をつくる動物がいます。**

鳥の巣のような、哺乳類の巣

アカハナグマは中型の哺乳類としては珍しく、木の上に鳥の巣のような巣をつくって生活します。

つくり手プロフィール

アカハナグマ

Nasua nasua

アライグマ科ハナグマ属

英　名　Ring-tailed Coati
全　長　80〜130㎝
生息地　北米南部〜南米

細長くとがった鼻と、横じまの入った長い尾をもつ哺乳類。木登りが得意で、子育て以外にも木の上で行動し、樹上生活する。複数のメスと子ども10〜20頭ほどの群れで暮らし、昆虫や小動物、果実などを食べる。

地上10mほどの木の上で、周りの枝や葉をかき集め、おわん形の巣をつくる。繁殖用と休息用の巣がある。

鳥の巣を流用することも

自分で巣をつくるのではなく、アカエリクマタカなど大型の鳥の使われなくなった古巣を利用することもあります。

つくり手プロフィール

アカエリクマタカ

Spizaetus ornatus

タカ科セグロクマタカ属

英　名　Ornate Hawk-eagle
全　長　56〜69cm
生息地　メキシコ南東部からアルゼンチン北部にかけて分布

◀◀ 高い木の上につくられる巣もあれば
地下につくられる巣もあります。

これはなんの巣でしょう

じつは、モグラの巣です。

モグラは地下にトンネルを掘ってミミズや昆虫などを食べて暮らしています。トンネルにはいくつも部屋があり、子育てのための部屋には枯れ草などを集めて球形の巣をつくります。

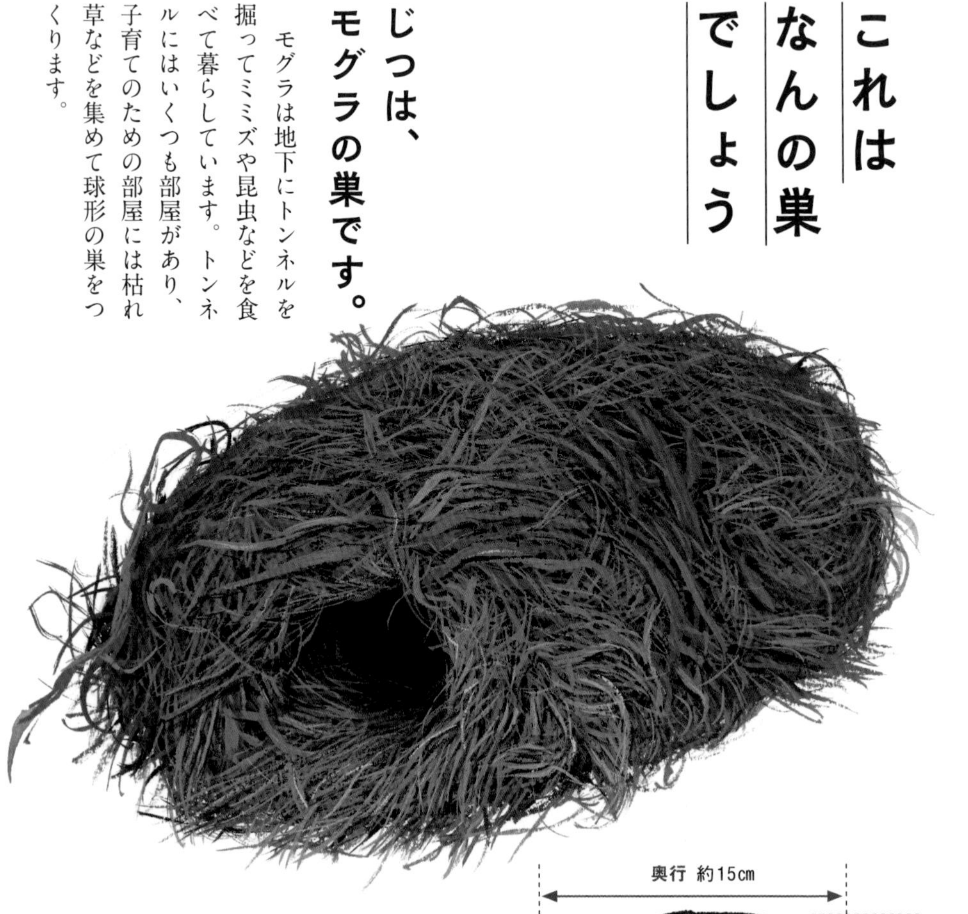

つくり手プロフィール

アズマモグラ

Mogera imaizumii

モグラ科モグラ属

英　名　Lesser Japanese Mole

全　長　約14cm

生息地　本州中部以北に分布

地下でトンネルを掘り、ミミズや昆虫類を食べる哺乳類。目が退化しているが、鋭敏な触覚をもつ口ひげが発達している。前足は穴を掘るために横向きについている。モグラ塚は巣ではなく、トンネルを掘った際に出た土を捨てたもの。

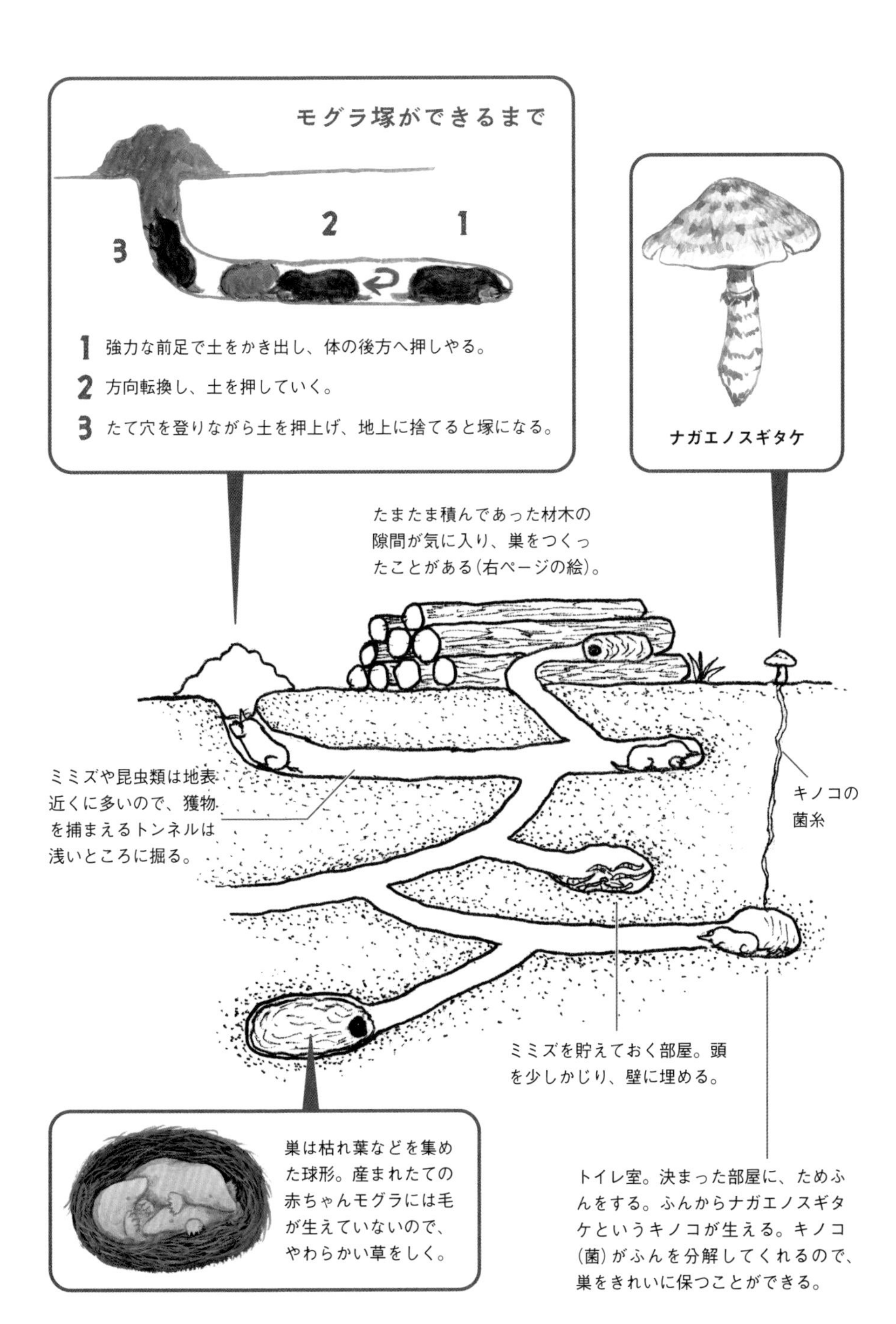

モグラ塚ができるまで
3
2
1
1 強力な前足で土をかき出し、体の後方へ押しやる。
2 方向転換し、土を押していく。
3 たて穴を登りながら土を押上げ、地上に捨てると塚になる。
ナガエノスギタケ
たまたま積んであった材木の隙間が気に入り、巣をつくったことがある（右ページの絵）。
ミミズや昆虫類は地表近くに多いので、獲物を捕まえるトンネルは浅いところに掘る。
キノコの菌糸
ミミズを貯えておく部屋。頭を少しかじり、壁に埋める。
巣は枯れ葉などを集めた球形。産まれたての赤ちゃんモグラには毛が生えていないので、やわらかい草をしく。
トイレ室。決まった部屋に、ためふんをする。ふんからナガエノスギタケというキノコが生える。キノコ（菌）がふんを分解してくれるので、巣をきれいに保つことができる。

◀◀ **迷路のように入り組んだ巣もあります。**

迷路のように入り組んだ地下の巣穴

アナグマは、その名のとおり穴を掘って巣をつくるイタチのなかまです。ヨーロッパアナグマの巣には複数の出入り口があり、いくつもの部屋が地下トンネルでつながっていて、その長さは50〜100メートルにもなります。

イギリスではアナグマの巣穴を「セット」と呼びます。なかには、中世から数百年も使われ続けている「セット」もあり、入り口は100カ所以上、部屋は50部屋、トンネルの長さは約1キロメートルにもおよび、巣穴というよりも広大な地下迷宮のようです。

つくり手プロフィール

アナグマ

Meles meles

イタチ科アナグマ属

英　名　Eurasian Badger

全　長　約80㎝

生息地　ヨーロッパから中東、アジアにかけて広く分布

ずんぐりした体型で短足の哺乳類。強じんな前足とかぎ爪で穴を掘るのが得意。雑食性で、モグラ、ネズミなどの小動物やミミズ、植物の根などを食べる。地下に複雑に入り組んだ巣穴を掘って暮らす。

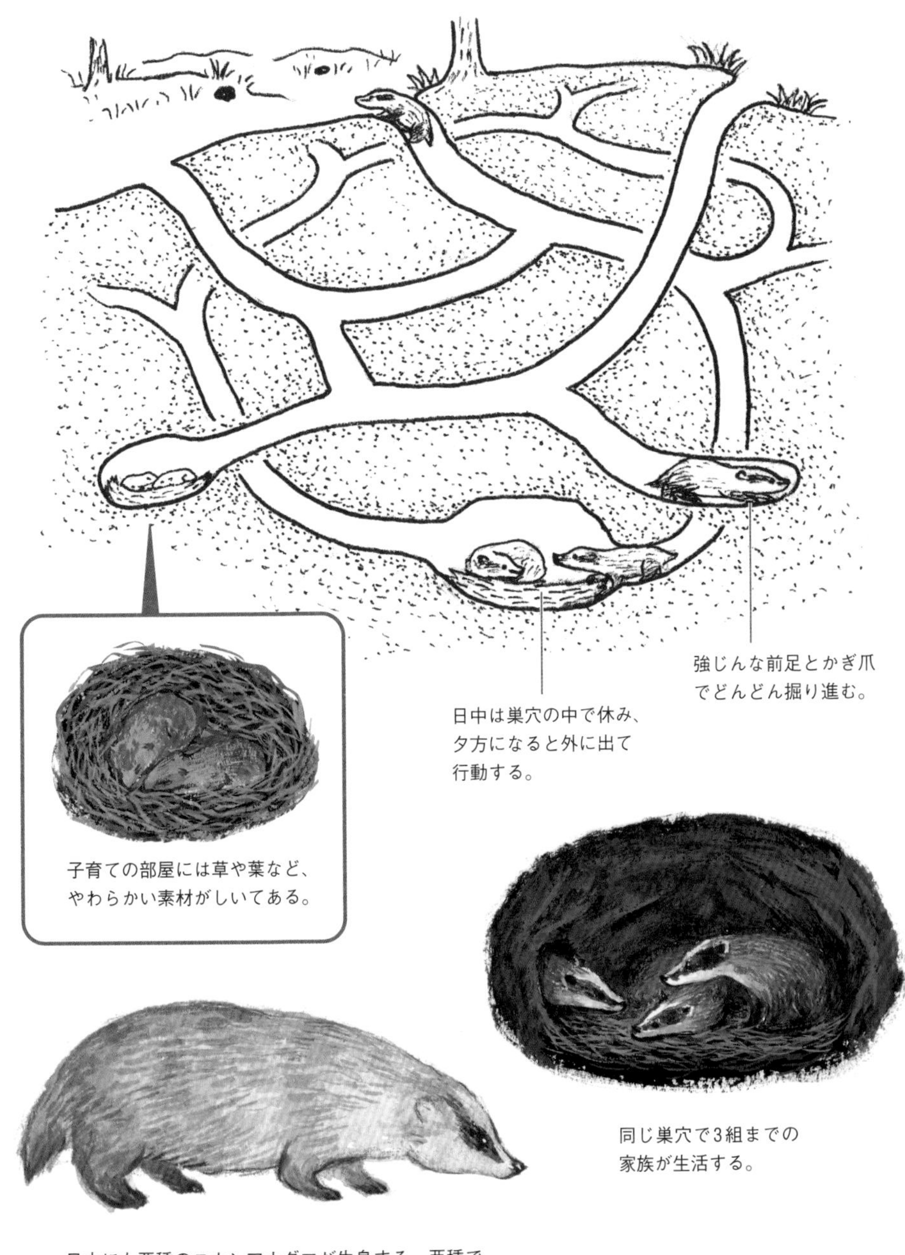

日本にも亜種のニホンアナグマが生息する。亜種ではなく別種という見解もある。日本のアナグマの巣穴はヨーロッパアナグマの巣ほど広くありません。

◀◀ **ウサギにも、穴を掘って巣をつくる種がいます。**

巣穴を掘るウサギ、掘らないウサギ

ヨーロッパにすむアナウサギも、いくつかの部屋が長い通路でつながった巣を地下につくります。この巣はイギリスで「ウォーレン」と呼ばれ、1羽のオスと複数のメスで生活します。地下のトンネルにはそれぞれのメス用の寝室があり、緊急用の抜け穴などもあります。子供を産むときは育児用の巣を別につくります。

つくり手プロフィール

アナウサギ

Oryctolagus cuniculus

ウサギ科アナウサギ属

英　名　European Rabbit
全　長　約50cm
生息地　米～南米および
アフリカ中部以南に分布

草原など、食糧となる植物と隠れ場所のある環境で暮らす中型の哺乳類。大きな耳で捕食者の接近をいち早く察知して、発達した後足を左右同時に動かし、跳ねるようにして素早く逃走する。

アナウサギの巣。やわらかい草や母ウサギの毛を敷いている。

母ウサギは子ウサギに乳を与えた後巣穴の入り口を土でふさぎ、イタチなどに襲われないようにします。

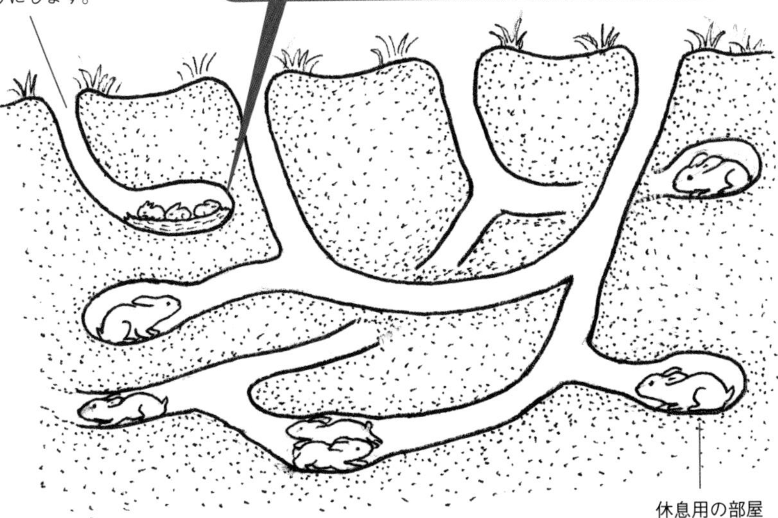

休息用の部屋

アナウサギとノウサギ

ウサギのなかまは、産まれたときの子ウサギの発育状態でアナウサギとノウサギを見分けることができます。ノウサギの赤ちゃんは産まれたときに毛が生えていてすぐに動けるので、草むらのくぼ地などで出産します。一方、アナウサギの赤ちゃんは毛が生えていない裸の状態で産まれ目も見えないので、巣穴で出産し育てなければならないのです。

ノウサギの巣。くぼみに草を集める。

国内に生息するニホンノウサギ

◀◀ **トンネルの中で踏んだり、踏まれたりしながら裸で暮らすおかしな生きものがいます。**

踏んで踏まれて、なかよく暮らす巣

東アフリカの乾燥地帯に変わった生きものが暮らしています。ハダカデバネズミはその名のとおり全身ほとんど毛がなく裸の、ちょっと変わったネズミのなかまです。1頭の女王（群れの支配者）と1～3頭の繁殖オス（女王と交尾する）、5～6頭の兵隊オス（天敵から群れをまもる）、たくさんの雑用係（食物集め、トンネル掘り、巣の掃除、子どもの世話など）という階級社会になっていて、約300頭もの大きな群れを形成することもあります。

つくり手プロフィール

ハダカデバネズミ

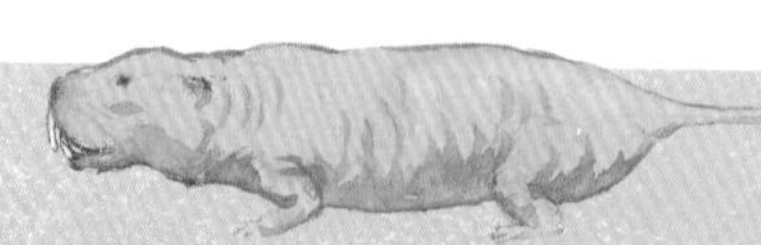

Heterocephalus glaber

デバネズミ科ハダカデバネズミ属

英　名　Naked Mole Rat
全　長　約12cm
生息地　東アフリカに分布

毛がほとんど生えない体と、大きな前歯が特徴的なネズミ類の一種。東アフリカのみに生息し、群れで地下のトンネルで生活する。群れは階級社会で、女王を頂点にし、赤ちゃんのふとん代わりになる役割まであってユニーク。

なぜ裸なのでしょう

トンネルの長さは1キロメートルにもなることがあります。トンネルの中には目的の異なる部屋があり、子育て用や休息用の部屋のほか、食物となる植物の根につながっている部屋もあります。トンネルの中の温度は約30℃と一定で、外に出ることがないので体温を保つための毛が必要なくなったのです。

トンネルを掘って出た土を外へ捨てる。モグラ塚(85ページ)と同じような塚ができる。

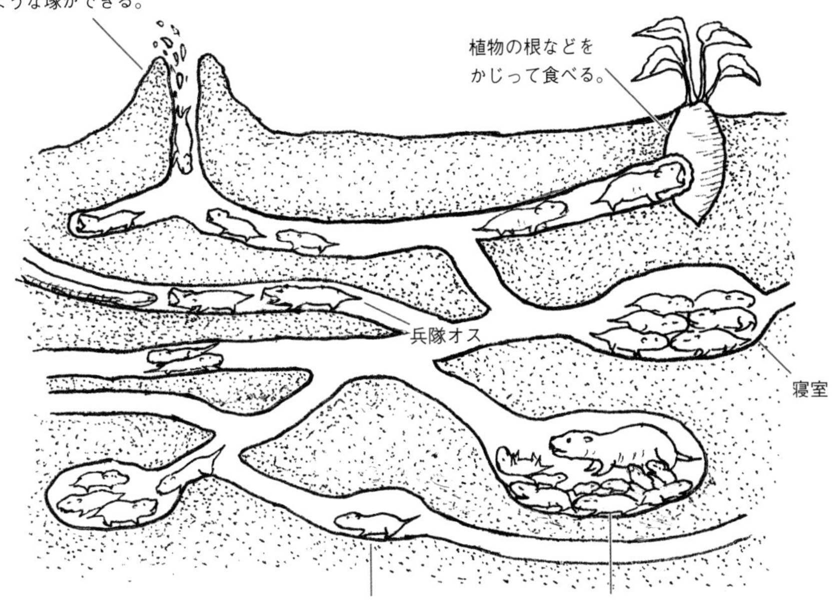

植物の根などをかじって食べる。
兵隊オス
寝室

方向転換する場所がある。

女王と赤ちゃんの部屋。体を張って赤ちゃんのふとんになる係もいる。

トンネルの掘り方

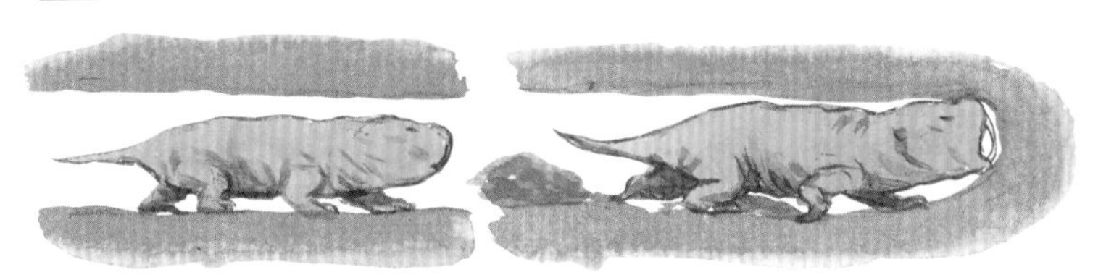

強じんな前歯で土を削り取り、後ずさりして運ぶ。
全身の筋肉の約1/4があごについている。

またいですれ違う

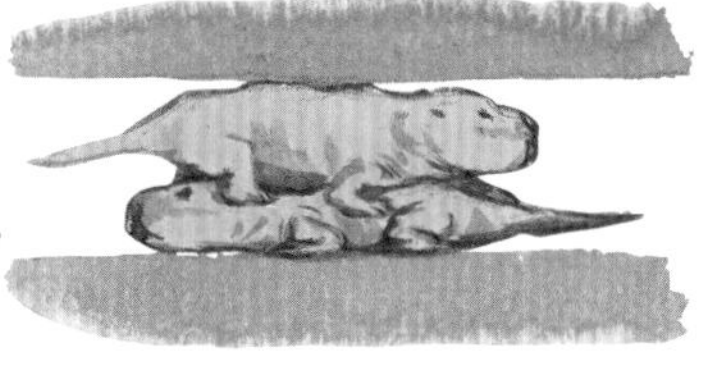

またいですれ違うので、踏んづけてしまうことも多い。

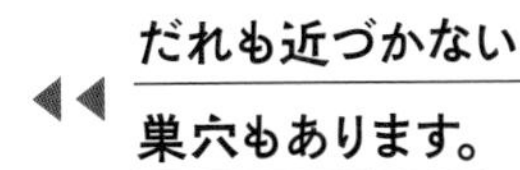

だれも近づかない巣

インドネシアのコモド島、リンチェ島などに住むコモドオオトカゲは世界最大のオオトカゲです。かまれると毒で死んでしまうので、ヤギや水牛など大型の動物でも食べてしまいます。共食いもするので、危険でだれも近づきません。巣は斜面などに、鋭い爪で自分が入れるくらいの穴の巣をつくります。

つくり手プロフィール

コモドオオトカゲ

Varanus komodoensis
オオトカゲ科　オオトカゲ属
英　名　Komodo dragon
全　長　約3m
生息地　インドネシア、コモド島、リンチャ島など

全長は約3mにもなる世界最大のトカゲ。幼体は木の上ですごすことが多く、泳ぎも得意。小さなころは樹の洞などを巣穴にするが、大きくなると地表に巣穴を掘ったり、イノシシ類（22ページ）などの古巣を利用したりする。

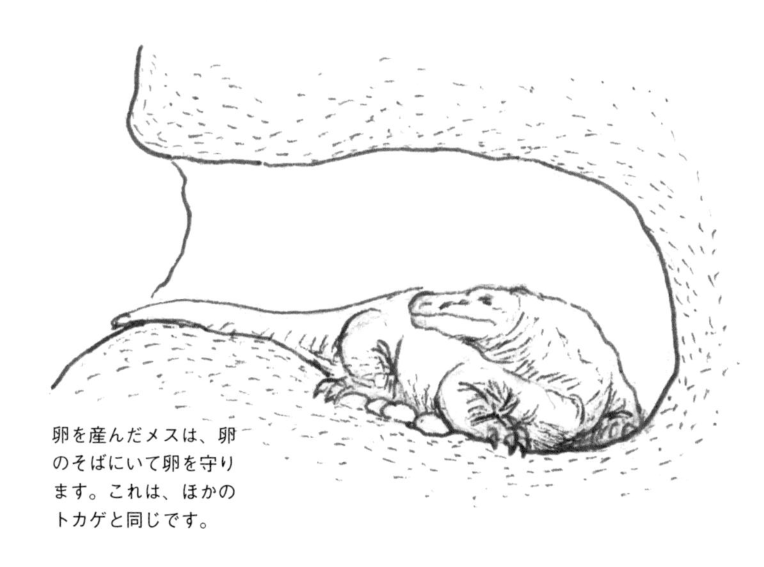

卵を産んだメスは、卵のそばにいて卵を守ります。これは、ほかのトカゲと同じです。

コモドオオトカゲは、1度に10〜30個の卵を産みます。コモドオオトカゲといえども、子供のうちは、外敵に食べられたりするから、たくさんの卵を産むのです。

前足で土を削り、後ろ足で外に蹴りだして穴を掘っていきます。柔らかく掘りやすいので、16ページのツカツクリの巣に掘ることもあるようです。

◀◀ ほかの動物が入ってきても、気にしない巣もあります。

ほかの動物が入ってくる巣

ツチブタはアフリカの草原や荒れ地などに住み、夜行性で、昼間は穴の中でアリなどを食べて暮らしています。大きな爪の付いた前足で、1日に3～5㎞も穴を掘ります。アフリカの中央から南部は、乾燥した熱い地域です。でもツチブタが掘る穴の中は地上より湿気もあるし、5～18度も温度が低いのです。イボイノシシ、ノウサギなど哺乳類だけでなくトカゲ、カメ、鳥など30種以上の動物が穴の中に入って休む、大切な場所になっているのです。

つくり手プロフィール

ツチブタ

Orycteropus afer

ツチブタ科　ツチブタ属

英　名　Aardvark

全　長　約160㎝

生息地　アフリカ中央から南部地域。

名前に「ブタ」とつくもののブタのなかまではなく、管歯目ツチブタ科という分類に含まれるのは本種ツチブタのみという、とても珍しい動物。巣穴とは別に一時的な避難場所となる穴をいくつも掘るため、ほかの動物にも多く利用されている。

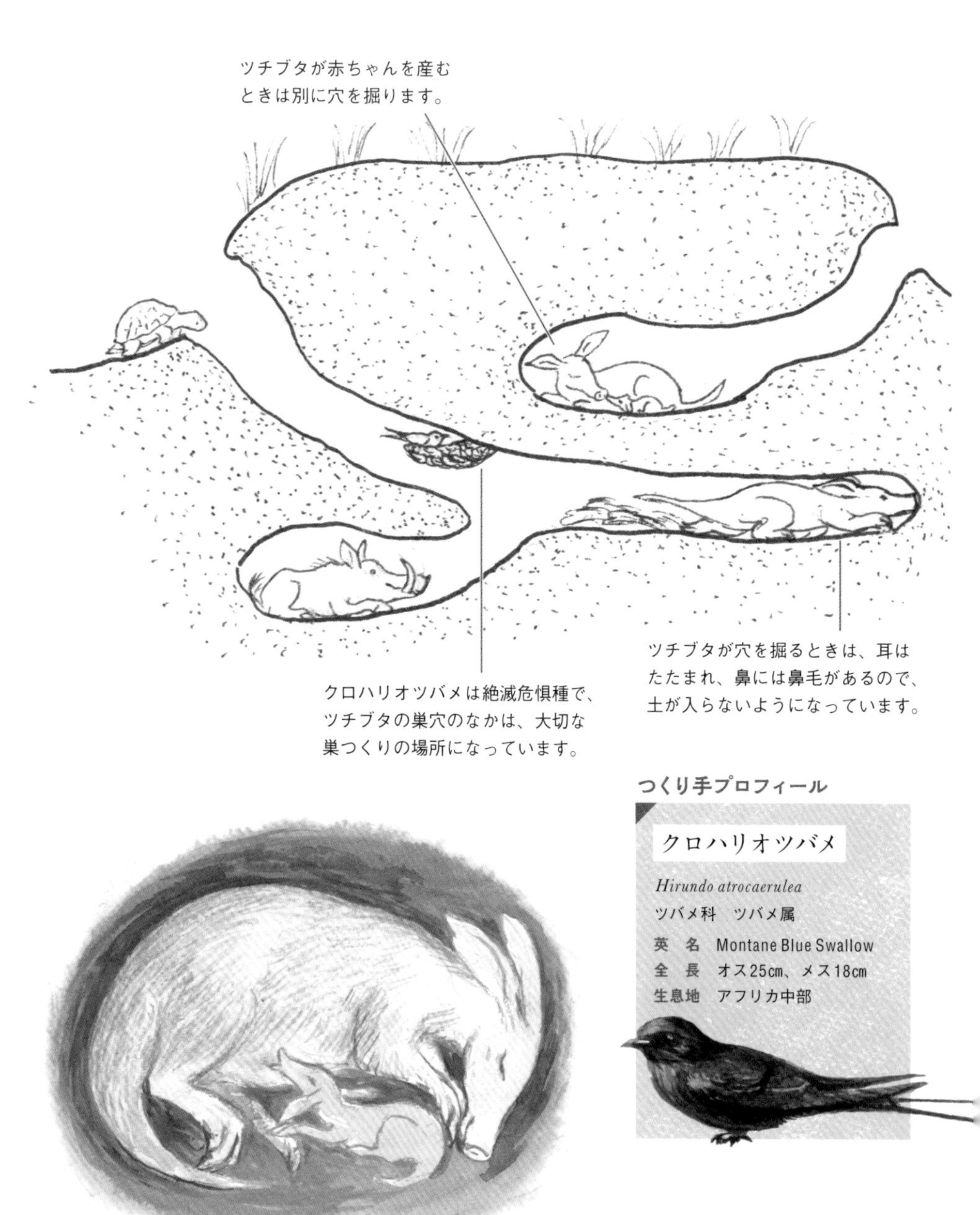

約200日以上の妊娠期間の後、1匹の子供を産み、穴の中で子育てをします。

◀◀ **たくさんの家族で、空調の効いた穴に住む動物もいます。**

空調の効いたトンネルにすむ

プレーリードッグは草原にすむリスのなかま。ドッグという名ですが、イヌのなかまではありません。いくつもの部屋のある巣穴に、1匹のオス、3～4匹のメス数匹の若い個体からなる家族集団で暮らしています。

巣穴の出入り口は「マウンド」と呼ばれ、低い穴（アスピーテ型）と高い穴（コニーデ型）があり、その高低差によって気圧の差が生じ、トンネル内にはいつも新鮮な空気が流れるようになっています。プレーリードッグは天然の空調機能を利用しているのです。

つくり手プロフィール

オグロプレーリードッグ

Cynomys ludovicianus

リス科プレーリードッグ属

英　名　Black-tailed Prairie Dog
全　長　約40cm
生息地　北米に分布

プレーリーと呼ばれる草原地帯に巣穴を掘って生活するリスの一種。天敵を見つけると、イヌが吠えるように鳴いてなかまに知らせる習性から、ドッグと名づけられた。植物食で、イネ科の草などを食べる。

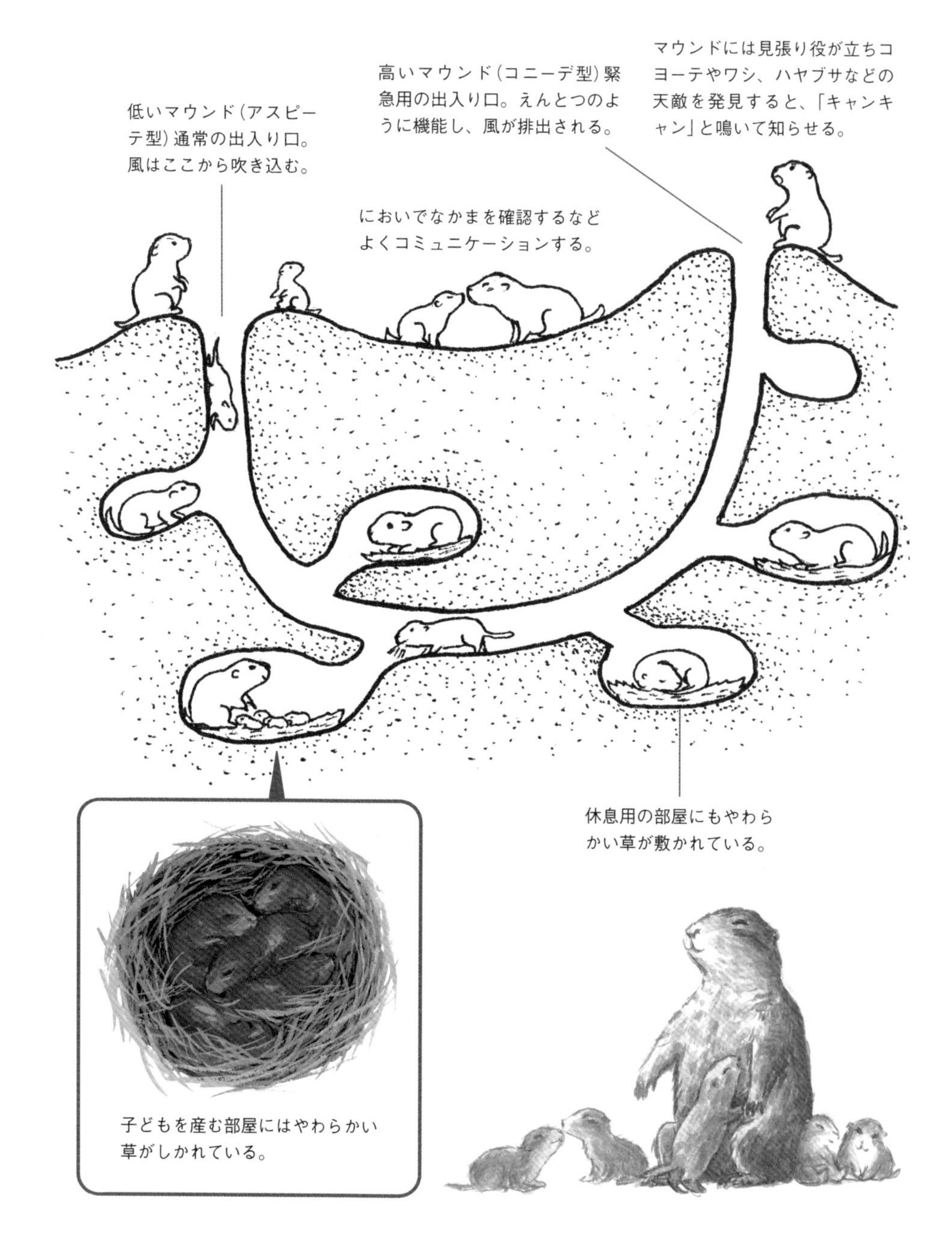

低いマウンド（アスピーテ型）通常の出入り口。風はここから吹き込む。
高いマウンド（コニーデ型）緊急用の出入り口。えんとつのように機能し、風が排出される。
マウンドには見張り役が立ちコヨーテやワシ、ハヤブサなどの天敵を発見すると、「キャンキャン」と鳴いて知らせる。
においでなかまを確認するなどよくコミュニケーションする。
休息用の部屋にもやわらかい草が敷かれている。

子どもを産む部屋にはやわらかい草がしかれている。

◀◀ **空調の効いたプレーリードッグのトンネルを巣にする鳥がいます。**

プレーリードッグのトンネルで暮らすフクロウ

ほとんどのフクロウのなかまは通常、樹洞（木の空洞）やワシなどの大型の鳥が使った巣を利用して子育てしますが、アナホリフクロウはプレーリードッグが掘った穴を少し削って広げ、改修して自分たちの巣にします。

アナホリフクロウの周囲にはプレーリードッグがすんでいます。彼らは天敵を見つけると、大きな声で鳴いてなかまに知らせるのでアナホリフクロウも危険を知ることができます。

つくり手プロフィール

アナホリフクロウ

Athene cunicularia

フクロウ科アナホリフクロウ属

英　名　Barrowing Owl

全　長　約24㎝

生息地　北米南部〜南米にかけて分布

草原で暮らす小型のフクロウ類の一種。ほかのフクロウ類に比べて足が長く、地上で行動するのに適していて、走るのが得意。走ったり、低空で飛んだりして昆虫や小動物などを捕食する。名前の割に自ら巣穴を掘ることはまれ。

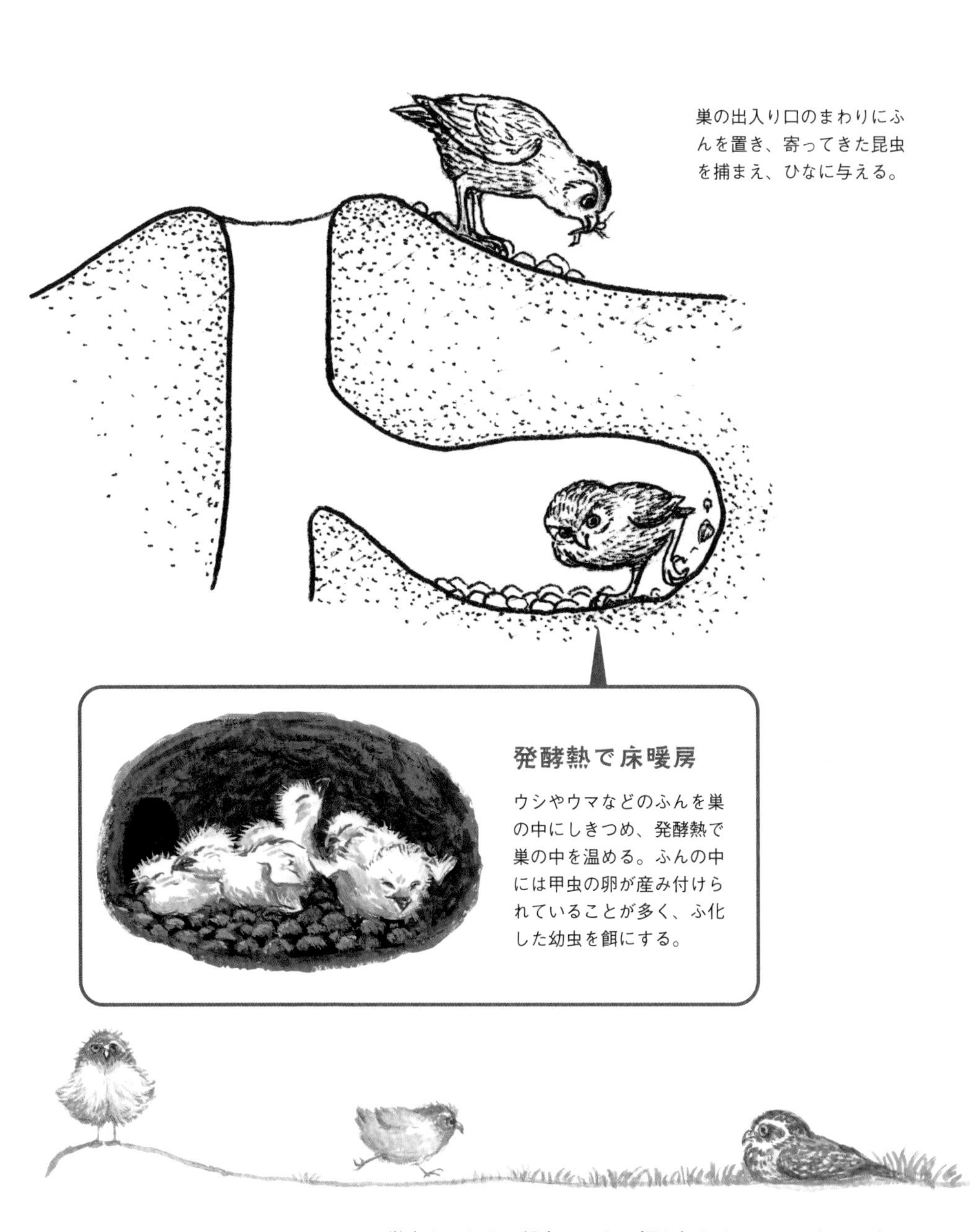

巣の出入り口のまわりにふんを置き、寄ってきた昆虫を捕まえ、ひなに与える。
発酵熱で床暖房
ウシやウマなどのふんを巣の中にしきつめ、発酵熱で巣の中を温める。ふんの中には甲虫の卵が産み付けられていることが多く、ふ化した幼虫を餌にする。

巣立ちのとき、親鳥はひなに餌を与えません。おなかのすいたひなは、親鳥のところまで走っていって巣立つのです。

◀◀ **集団で穴を掘って巣をつくる鳥もいます。**

崖につくる集合住宅

ショウドウツバメは、川沿いの土の崖などに巣穴を掘って子育てします。1つの崖に多くの鳥が巣穴を掘って子育てするので、まるで集合住宅のようです。古い巣穴は崩れやすく、寄生虫が発生しやすいので使いません。護岸工事など、開発によって巣をつくれる環境が減っています。

つくり手プロフィール

ショウドウツバメ

Riparia riparia

ツバメ科ショウドウツバメ属

英　名　Sand Martin
全　長　約12cm
生息地　世界中に広く分布

海岸や河川付近の崖地に巣穴を掘って、集団で巣をつくるツバメ類の一種。国内では夏鳥として北海道に飛来し、春と秋の渡り期には本州でも観察できる。ショウドウ（小洞）とは小さな穴のことで、和名は繁殖行動に由来する。空中で昆虫類を捕食する。

くちばしを使って土を掘り足で土を外にかき出し、深さ約1mくらいの横穴を掘る。奥を少し広げ、枯れ草や羽などをしいて巣にする。

つくり手プロフィール

カワセミ

Alcedo atthis
カワセミ科カワセミ属

英　名　Common Kingfisher
全　長　約17cm
生息地　日本、南太平洋の島々、ユーラシアからアフリカ北部の広範囲に分布

コバルトブルーの羽をもつ美しい鳥で、翡翠の別名がある。細長くとがったくちばしをもち、水に飛び込んで水中の魚やエビなどの甲殻類を捕食する。「チー」と鳴きながら、水面のすぐ上を直線的に飛ぶ。

水辺の宝石と呼ばれるカワセミも横穴を掘って子育てします。

◀◀ ツバメ類はさまざまな形の巣をつくります。

崖に巣をつくるツバメ

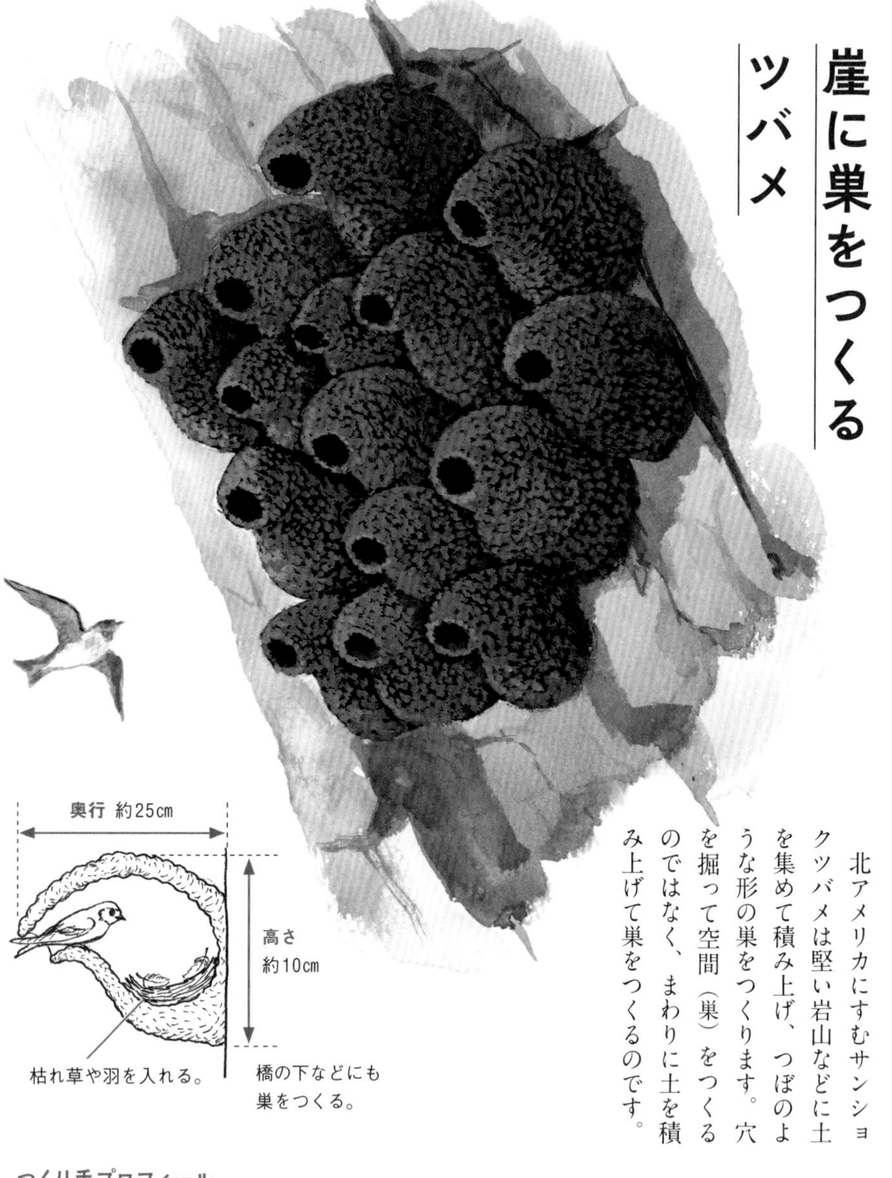

北アメリカにすむサンショクツバメは堅い岩山などに土を集めて積み上げ、つぼのような形の巣をつくります。穴を掘って空間（巣）をつくるのではなく、まわりに土を積み上げて巣をつくるのです。

つくり手プロフィール

サンショクツバメ

Petrochelidon pyrrhonota

ツバメ科サンショクツバメ属

英　名　American Cliff Swallow

全　長　約11cm

生息地　北米からメキシコにかけて分布

小型のツバメ類の一種。夏鳥として北米全土に飛来し、子育て後は南下、北米南部やメキシコなどで越冬する。断崖につぼのような形の巣をつくるのが英名の由来で、紺、橙褐色、白の羽色が和名の由来。空中で昆虫類を捕食する。

ツバメ類の巣はいろいろ

ショウドウツバメは
崖に巣穴を掘ります
(⇒100ページ)。

つくり手プロフィール

コシアカツバメ

Hirundo daurica
ツバメ科ツバメ属
英　名　Red-rumped Swallow
全　長　約17cm

コシアカツバメは人家の軒下の天井部分に巣をつくることで
上面をつくる手間を省いた、とっくり形の巣をつくります。

つくり手プロフィール

ツバメ

Hirundo rustica
ツバメ科ツバメ属
英　名　Barn Swallow
全　長　約18cm

ツバメは人家の軒先にお
わん形の巣をつくります。

ツバメのなかまは、種によってそれぞれの環境に合った、異なる形の巣をつくります。うまくすみ分けしているのです。

◀◀ **土を使ってつくられる、おわんのような形の巣もあります。**

おわんをつくる鳥

オーストラリアにすむツチスドリは、枝の上に土を集めておわん形の巣をつくります。巣の中には枯れ草などを入れます。

つくり手プロフィール

ツチスドリ

Grallina cyanoleuca

カササギヒタキ科ツチスドリ属

英　名　Magpie-lark

全　長　約27cm

生息地　オーストラリアとニューギニア南部に分布

オーストラリアでよく見かける白と黒の羽の中型の鳥。農耕地から街中まで広く生息する。太い足で水辺を歩き回り、獲物を探したり、巣の材料となる泥を集めたりする。翼を高く上げ、なわばりを主張する。

巣のつくり方

枝の上に土をなすりつけていく。

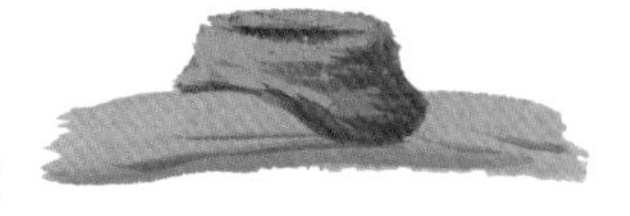

真ん中に座り、自分のまわりに土を積んでいく。

回りながら、胸で押したり、くちばしを使って形を整える。

中に枯れ草などを入れ完成。

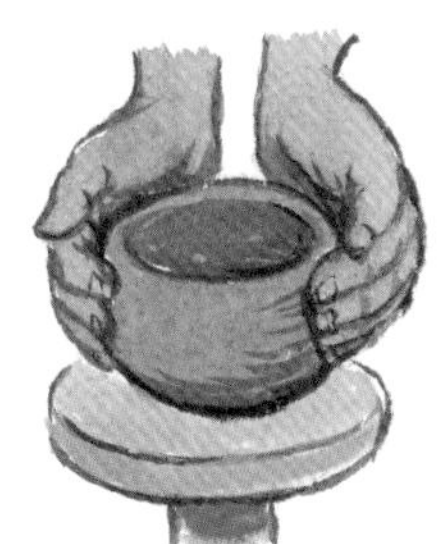

人間はろくろを回し、おわんを作ります。鳥は回りながら、まわりに巣の材料を積み上げくちばしで整えながら、おわん形にしていきます。多くの鳥が、枯れ草を使っておわん形の巣をつくります。

モズはやぶの中などに枯れ草を使っておわん形の巣をつくります。

つくり手プロフィール

モズ

Lanius bucephalus

モズ科モズ属

英　名　Bull-head Shrike

全　長　約19cm

◀◀ 土を集め、昔のかまどのような形の巣をつくる鳥がいます。

かまどのような頑丈な巣

セアカカマドドリは、太い木の横枝の上などにその名のとおり、かまどのようなドーム形の巣をつくります。巣はとても頑丈で、中が見えないようになっています。

つくり手プロフィール

セアカカマドドリ

Furnarius rufus

カマドドリ科カマドドリ属

英　名　Rufous Hornero

全　長　約18cm

生息地　南米に分布

草原など開けた環境にすむ小型の鳥。しっかりした長い足は地上で行動するのに適しており、歩き回って昆虫や小動物を捕食する。

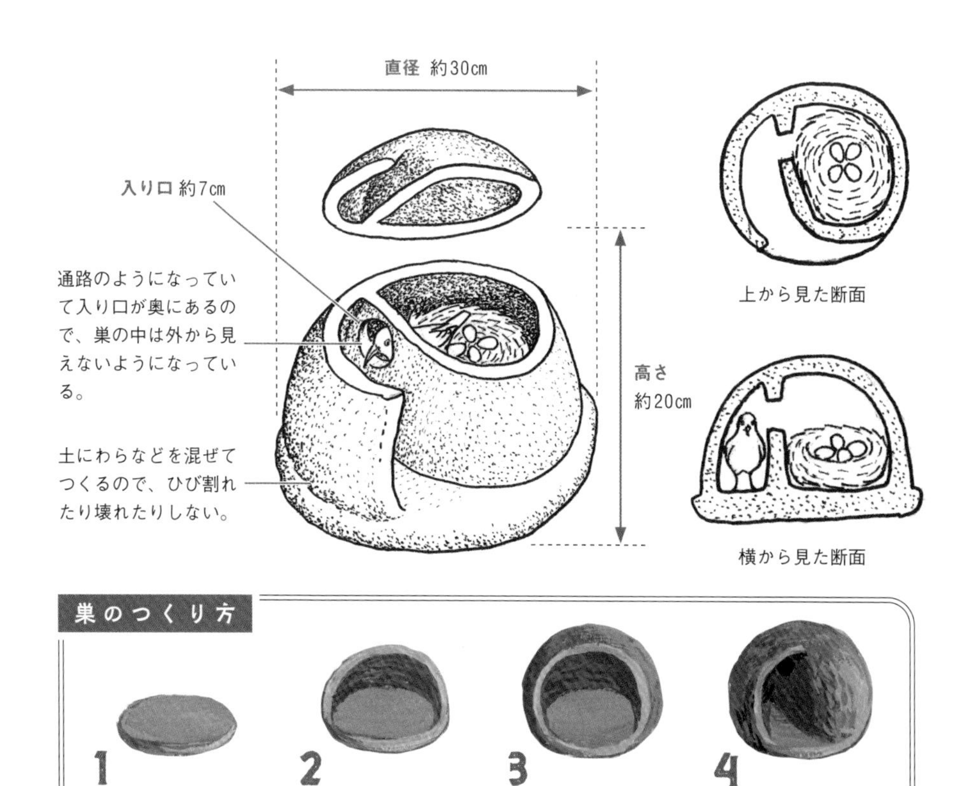

1 太い枝や杭の上などに底面をしっかりくっつける。

2 後ろ側から壁を立ち上げていく。

3 ドーム形にしていく。

4 内部に壁をつくり、奥に出入り口を開け、枯れ草を入れる。

南米では、「人間がしっかりした家をつくるお手本にするように神様がこの鳥をこの世におつかわしになった」と言い伝えられています。

かつて南米では、人々が伝染病に苦しんでいました。その伝染病は、家の壁の割れ目で繁殖するオオサシガメという虫に刺されて伝染します。もっとも簡単な予防策は、ひび割れしない家をつくることでした。そこで、カマドドリの巣をヒントにして、同じ方法で家をつくってみました。すると、全然ひび割れしない家ができ、オオサシガメも繁殖できなくなり、やがて伝染病はなくなったそうです。

◀◀ 敵に襲われないよう、巣に立てこもってしまう鳥がいます。

巣の中に立てこもってしまう鳥

オス

サイチョウのなかまは、樹洞（木の空洞）に入って卵を産むと自分のふんと泥を混ぜて壁をつくり、入り口を内側からふさいでしまいます。塗り固められた巣の入り口にはくちばしが出せるだけの小さな穴しか開いていません。

中にいるメスは、卵を温めます。オスは1日に約70回も餌を運びます。

つくり手プロフィール

オオサイチョウ

Buceros bicornis
サイチョウ科サイチョウ属
英　名　Great Hornbill
全　長　約100㎝
生息地　東南アジアに分布

大きく曲がった太いくちばしと、くちばしの上のかぶとのような突起が特徴の大型の鳥。森林に生息し、雑食性で主に果実を採食する。

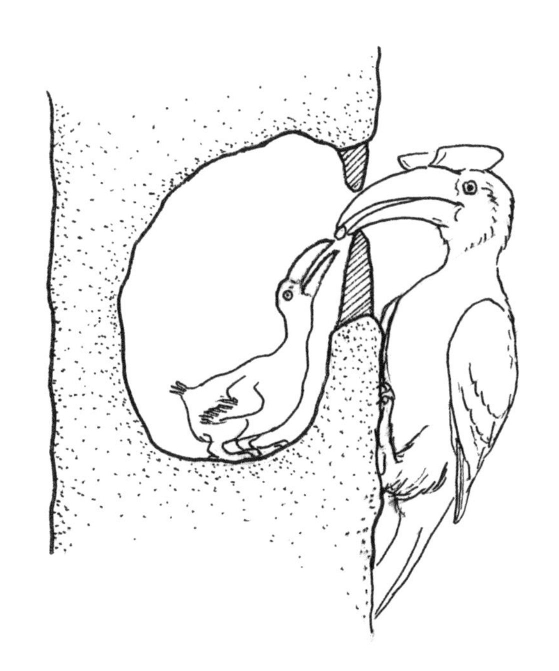

ひなが成長してくるとオスの運んでくる餌だけでは足りなくなってきます。そこで、メスもひなに餌を運ぶために壁を壊して外に出ます。メスが巣を出たあと、メスと同じようにひなもまた内側から巣の入り口を塗り固めて狭くします。

ひなは飛べるようになると自分で壁を壊して巣立ちます。

◀◀ メスやひなを隠すのではなく、食べ物を隠す鳥もいます。

キツツキの食糧貯蔵庫

キツツキのなかまのドングリキツツキは木の幹、電柱、建物の壁面などをくちばしでつついて穴を開け、どんぐりを埋め込んで貯めます。群れで生活するドングリキツツキは、なかま同士協力して大量のどんぐりを貯めます。

リスにつまみ食いされることもあるが、すぐに追い払う。

つくり手プロフィール

ドングリキツツキ

Melanerpes formicivorus

キツツキ科ズアカキツツキ属

英　名　Acorn Woodpecker
全　長　約23cm
生息地　北米南部〜中米にかけて分布

群れで生活する中型のキツツキ類の一種。鋭いくちばしで木を掘り、中にいる昆虫類を採食する。キツツキ類は全般的にどんぐりなどの木の実を貯食する習性があるが、本種は群れで生活するため、貯蔵量がとても多い。

ひなはどんぐりを食べられないが、親鳥は貯めてあるどんぐりをいつでも食べられるので、ひなの餌を探すことに集中することができる。

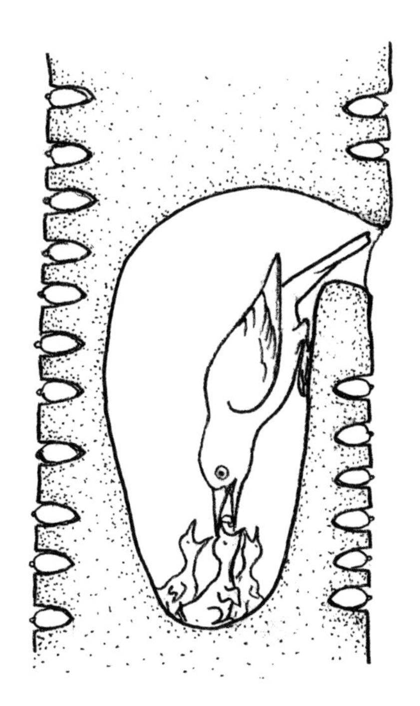

どんぐりを貯める日本の鳥

日本でもアカゲラ、ヤマガラ、カケスなどが、樹皮の隙間などにどんぐりや木の実を貯める習性があります。食物が不足する冬場に備えた、鳥たちの知恵です。

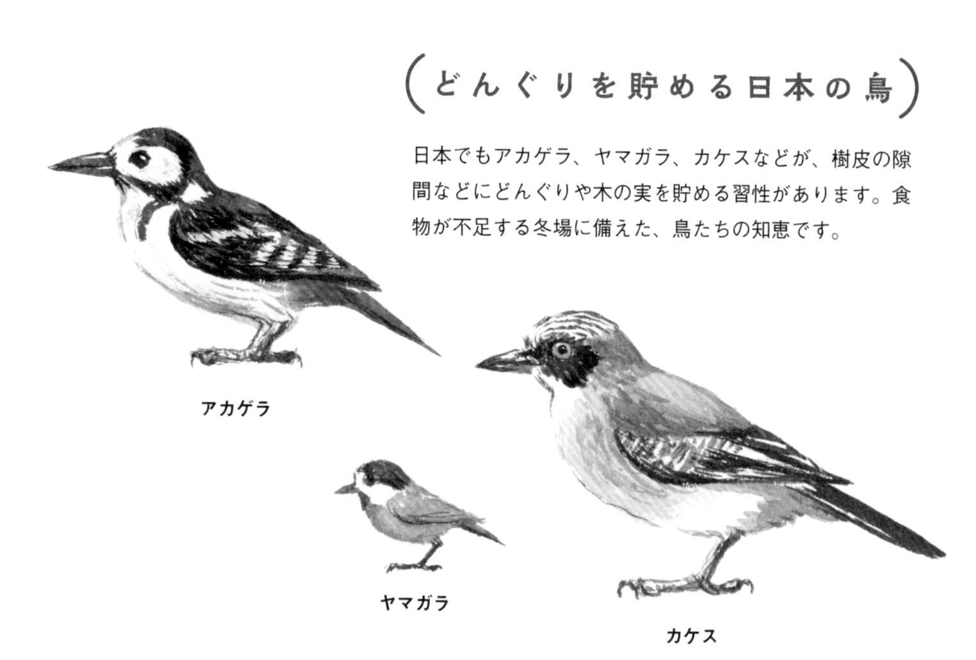

◀◀ 餌となる食べ物に包まれた巣があります。

食べ物に包まれた巣

オトシブミのなかまは、樹木の葉を巻いてその中に卵を産みます。葉を巻いてできた巣は「ゆりかご」と呼ばれ、卵からかえった幼虫は「ゆりかご」の中でまもられながら、自分の周囲の葉を食べて育ちます。やがて、さなぎになり羽化すると、「ゆりかご」に穴を開け外に出てきます。

「ゆりかご」はメスがつくります。

つくり手プロフィール

ナミオトシブミ

Apoderus jekelii

オトシブミ科オトシブミ族

英　名　Acorn Woodpecker
全　長　8〜9.5㎜
生息地　北海道から九州にかけて分布

丘陵〜山地の広葉樹林で見られるオトシブミ類の一種。メスはクリ、コナラ、ハンノキなどの葉に産卵し、葉を巻いてゆりかごをつくる。まれに全身黒い個体も見かけることがある。

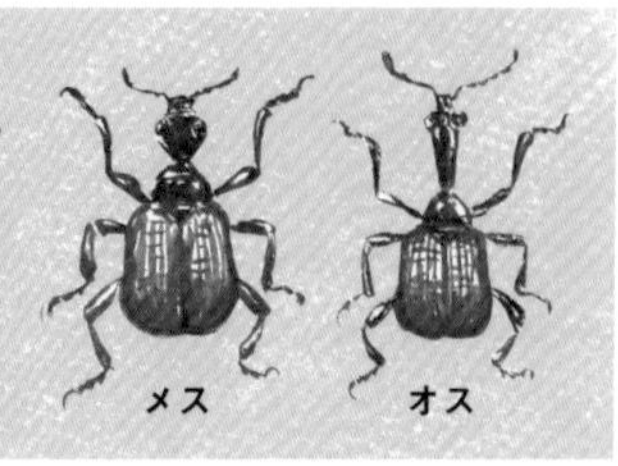

巣のつくり方

1 「ゆりかご」をつくる前に、葉の周囲を歩いて大きさを測る。幼虫の成長に充分な量があるか確認する。

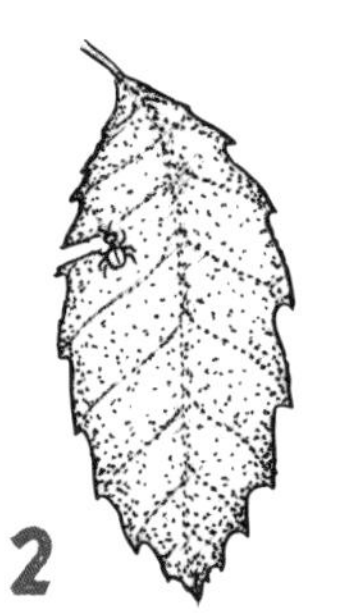

2 葉のつけ根付近の外側から主脈（葉の中心の太い葉脈）に向かって切り始める。

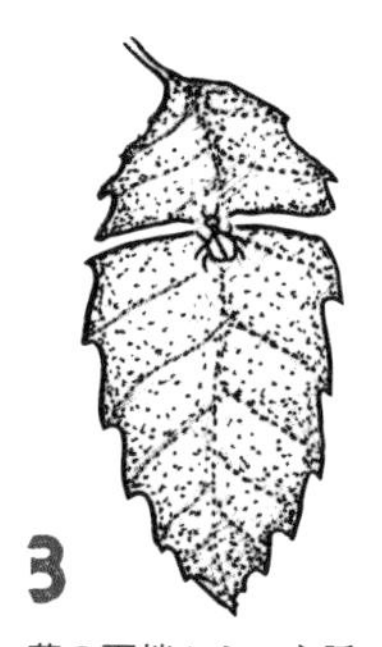

3 葉の両端から、主脈の手前までを切る。

4 主脈にまたがり、葉を二つ折りにする。

5 葉の先から巻いていく。少し巻いたところで卵を産み付ける。

6 葉のつけ根に向かって巻いてゆき、葉のふちは内側に巻き込んでいく。

7 葉がほどけないようにしっかり折り返す。

8 主脈を切り「ゆりかご」を地面に落とす。

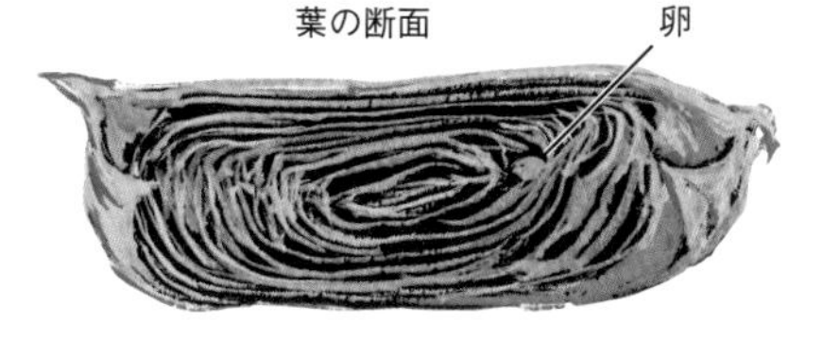

ゆりかごを落とさずに、ぶら下げる種もいます。

つくり手プロフィール

エゴツルクビオトシブミ

Cycnotrachelus roelofsi

オトシブミ科クビナガオトシブミ族

全　長　6～9.5mm

生息地　北海道から九州にかけて分布

エゴノキの葉を好んでゆりかごをつくる。

◀◀ **葉を巻くのではなく、葉と葉をくっつけて巣をつくる虫もいます。**

葉を丸めて貼り合わせる巣

ツムギアリは、幼虫がはき出す糸で葉と葉を貼り合わせて巣をつくります。数本の木に複数の巣をつくり卵を産みます。最初は女王アリが1匹で巣をつくり卵を産みます。卵からかえった働きアリが、同じように巣をつくっていきます。

幼虫

幼虫をくわえている女王アリ。

つくり手プロフィール

ツムギアリ

Oecophylla smaragdina

アリ科ツムギアリ属

英　名　Weaver Ant

全　長　約2cm（女王アリ）

生息地　アジア、アフリカ、オーストラリアなどに分布

全身が淡い茶色で足が長いアリの一種。幼虫が吐く糸を使って、葉と葉を貼り合わせて巣にする。国内では南西諸島にすむクロトゲアリが同じ方法で巣をつくる。

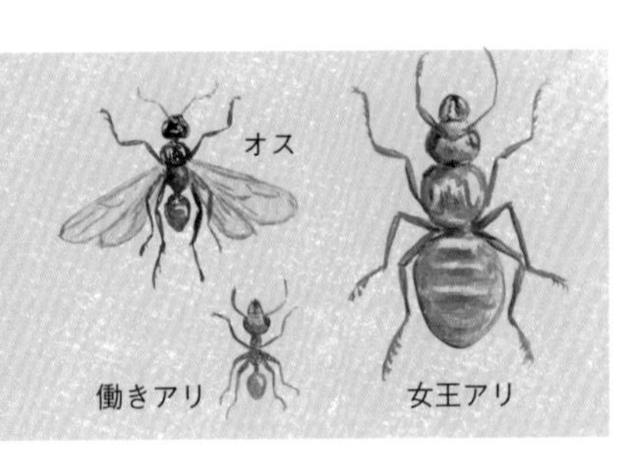

巣のつくり方

幼虫が吐き出す糸で葉を貼り合わせて巣をつくる。枝先の上のほうの大きめの葉（A～D）から貼り合わせ、枝先の小さな葉（E～G）を貼り合わせて完成。

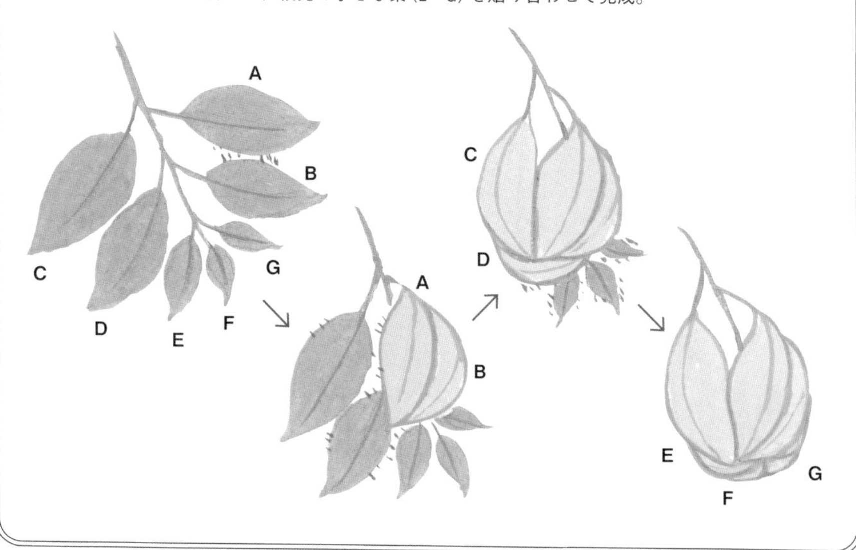

葉を引っ張る係と、幼虫をくわえ吐き出す糸で葉を貼り合わせる係がいます。

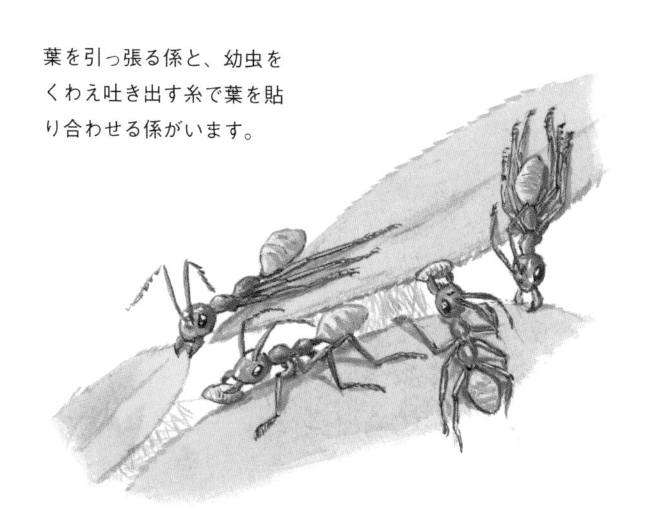

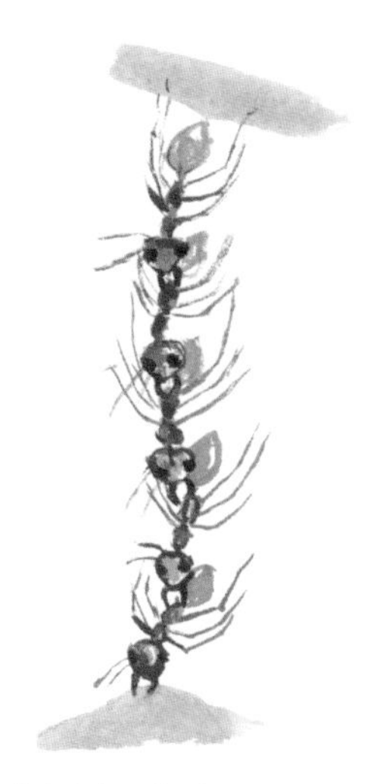

なかまとつながることで、遠くの葉もたぐり寄せることができる。

◀◀ **地下の巣でキノコを栽培するアリもいます。**

葉っぱでキノコを栽培する地下の巣

ハキリアリのなかまは植物の葉っぱを切り取って巣に運びます。運んだ葉は食べるのではなく、1〜2ミリくらいの細かい粒状にし、ふんを混ぜ、菌（キノコ）を栽培して食糧にしているのです。

つくり手プロフィール

ハキリアリ類

Attini sp.

フタフシアリ亜科ハキリアリ属

英　名　Acorn Woodpecker
全　長　種や階級（働きアリ、兵隊アリ、女王アリ）によって異なる
生息地　中南米に分布

植物の葉を養分とし、地下の巣で菌（キノコ）を栽培して食用とするアリの一種。中南米に生息し230種ほどが知られる。菌の栽培方法は、枯れ葉を使うもの、生きた植物の葉を切り取って使うものなど種によって異なる。

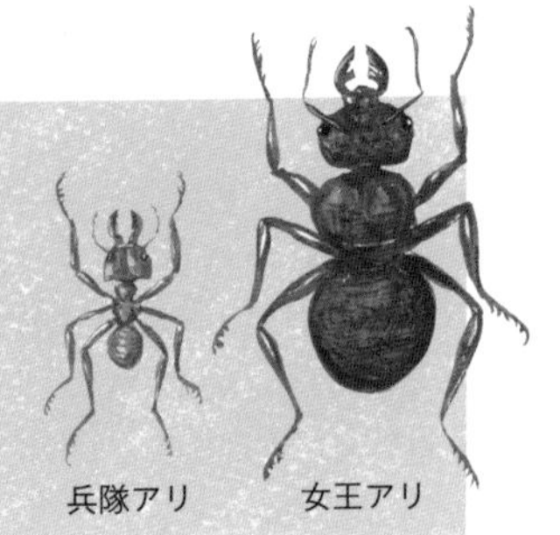

地下の巣には、菌園と呼ばれるキノコを育てる畑がたくさんあり、それらをつなぐトンネルが縦横につながり、巣の中から出た老廃物を捨てるごみ処理場まであります。種によっては、1つの巣に数百万匹が暮らしているといわれています。ハキリアリは葉を運んだり、菌の世話をしたり、敵から巣をまもったり、巣の中のゴミ処理をしたり、アリの階級（大きさ）によってさまざまな仕事を分業で行っています。

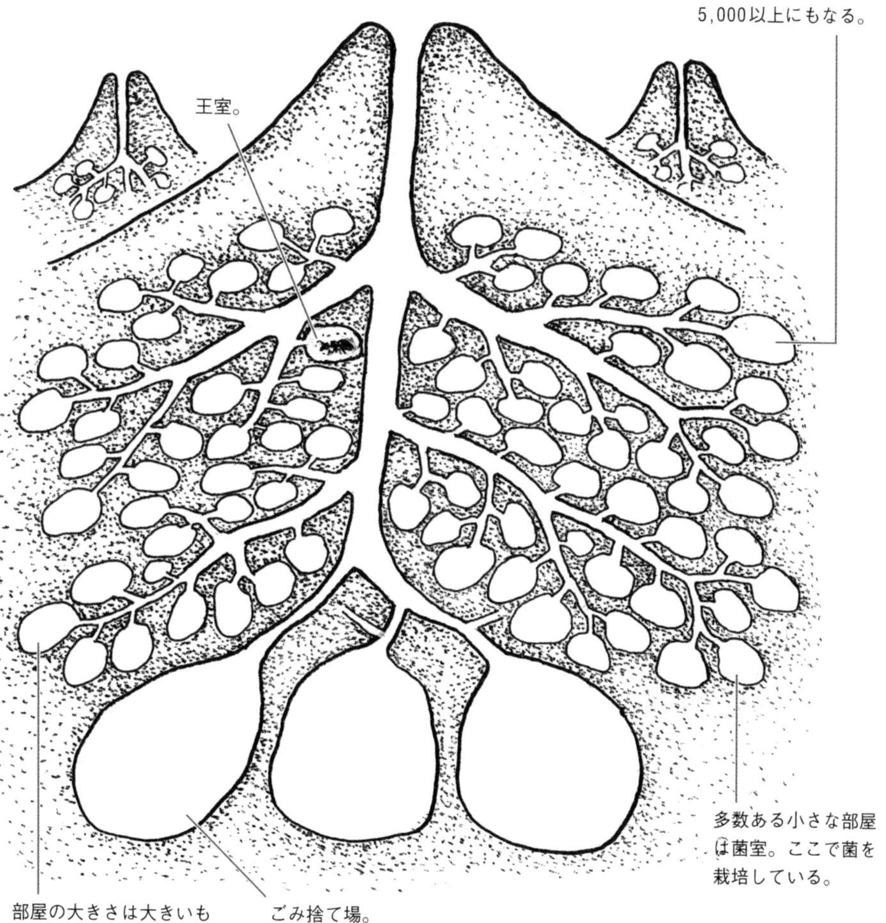

部屋の数は大きい巣で5,000以上にもなる。
王室。
多数ある小さな部屋は菌室。ここで菌を栽培している。
部屋の大きさは大きいもので25〜50ℓになる。
ごみ捨て場。

葉だけでなく花びらなども運びます。死んだなかまは巣から運び出します。

（　葉の切り方　）

大あごの片方をカッターのように使って葉を切ります。前足で葉を押さえ、もう一方の大あごや触覚を使って調節しながら、切っていきます。

小さなアリにとって、葉を切って運ぶのは重労働。葉を切りながら、腹を上下に動かし、振動を起こしてなかまに知らせ、運んでもらいます。

缶切りのように片方の大あごを支点にし、もう一方の大あごで切り進みます。

大型のアリが運んでいる葉に、しばしば小型のアリが乗ります。葉を運んでいる間、無防備になるアリは寄生性のノミバエにねらわれます。体にノミバエの卵を産み付けられないよう、葉に乗っている小型のアリがまもっているのです。小型のアリは、葉の表面の掃除もします。

切り取った葉は細かくかみ砕かれ液状のふんと混ぜられ、つなぎ合わされます。こうして直径10〜20㎝の球形の菌園ができます。菌園はスポンジのような構造をしています。

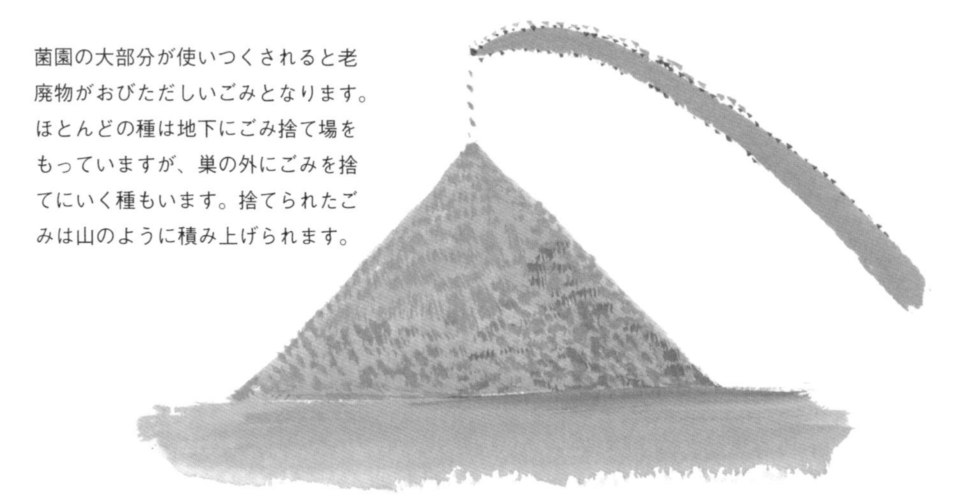

菌園の大部分が使いつくされると老廃物がおびただしいごみとなります。ほとんどの種は地下にごみ捨て場をもっていますが、巣の外にごみを捨てにいく種もいます。捨てられたごみは山のように積み上げられます。

数百万匹のアリが役割分担し、粛々と活動していることには驚くばかりです。

◀◀ **地上に塔をつくる小さな生きものがいます。**

小さな昆虫が築き上げた巨大な塔

巨大な塔のような構造物は、シロアリが築いたアリ塚です。シロアリのなかまのアリ塚は大きいもので10メートルにも達し、生きものがつくる巣としては、サンゴ礁を除けば地球上で最大級といえます。塚そのものは大きなえんとつのようなもので、シロアリたちが生活する巣は地下にあります。たった数ミリのシロアリが数メートルもの塚を築くことは、私たち人間が数百メートルの超高層ビルを築くことに匹敵します。

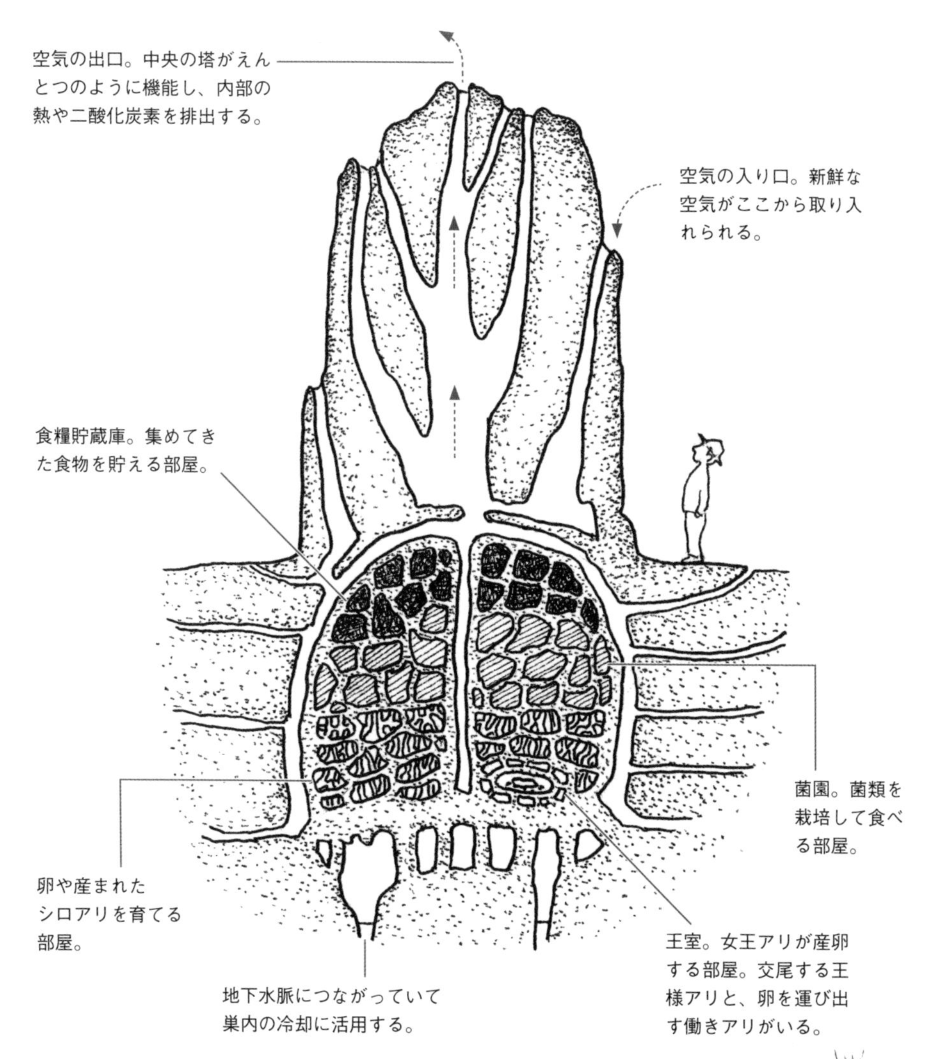

空気の出口。中央の塔がえんとつのように機能し、内部の熱や二酸化炭素を排出する。
空気の入り口。新鮮な空気がここから取り入れられる。
食糧貯蔵庫。集めてきた食物を貯える部屋。
菌園。菌類を栽培して食べる部屋。
卵や産まれたシロアリを育てる部屋。
王室。女王アリが産卵する部屋。交尾する王様アリと、卵を運び出す働きアリがいる。
地下水脈につながっていて巣内の冷却に活用する。

つくり手プロフィール

テングシロアリ

Nasutitermes triodiae

シロアリ科テングシロアリ亜科
ナスティテルメ属

英　名　Cathedral termites
全　長　約4.5mm（兵隊アリ）
生息地　オーストラリア北部に分布

世界中で約2,200種が知られるシロアリ類のうち、オーストラリアに分布する種。シロアリはアリの名がついているが、アリとは異なる昆虫で、ゴキブリに近いなかま。社会性があり、女王アリ、王様アリ、兵隊アリ、働きアリなど、体の大きさと役割が分かれている。

働きアリ

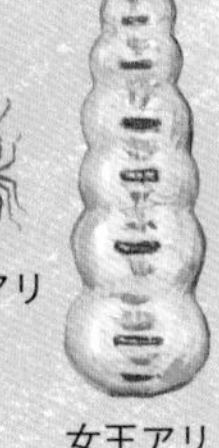

◀◀ **変わった形のアリ塚もあります。**

巨大な墓が並ぶ墓地？

巨大な墓のように見える構造物もアリ塚です。ジシャクシロアリの塚は平たく、石板のような形をしています。並び方もおもしろく、どれも平らな面が東西を向いています。まるで、巨大な墓が並ぶ墓地のような不思議な風景。なぜ、規則正しく同じ向きに並んでいるのでしょう。

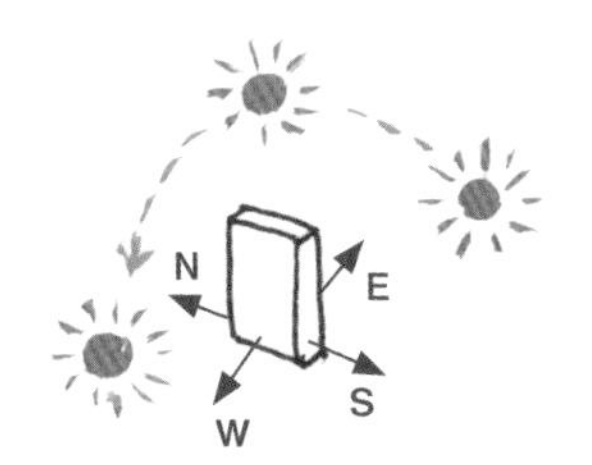

平らな面が東西を向いているので、気温が低い朝夕は広い面積に日光があたり、巣の内部が温められる。暑くなる日中は、日光があたる面積が少なくなり、温まりすぎないようになっている。

つくり手プロフィール

ジシャクシロアリ

Amitermes meridionalis

シロアリ科ツカシロアリ亜科
アミテルメス属

英　名　Magnetic termites
全　長　約1.5㎝
生息地　オーストラリア北部に分布

オーストラリアに生息するアリ塚をつくるシロアリの一種。塚の形が平たいのと、平たい面が東西を向くのが特徴。塚の軸がコンパスのように南北を向いているので、磁石シロアリと名づけられた。

兵隊アリ　王様アリ　女王アリ　働きアリ

◀◀ **シロアリの塚はほかにもいろいろあります。**

世界のいろいろなシロアリの巣

シロアリのなかまは世界中で約2,200種が知られ、種によって塚の形が異なります。

クビテルメスのアリ塚
（カメルーン、コーラップ国立公園）

タカサゴアリのアリ塚
（沖縄）

グロビテルメスのアリ塚
（オーストラリア）

ブラジルのセラードと呼ばれる熱帯性の草原のアリ塚は、ある時期になると夜、緑色に光り夜の草原に神秘的な光景が広がります。これはシロアリが光っているのではなく、ヒカリコメツキムシという昆虫の幼虫が発光し、光でシロアリなどをおびき寄せて捕食しているのです。

シロアリを食べる生きものたち

シロアリは栄養価が高い貴重なタンパク源で、多くの生きものがシロアリを食べます。シロアリを食べる生きものは、アリ塚を壊せる強力な爪と効率よく大量に摂取できる長い舌をもっています。

アルマジロ

オオアリクイ

ツチブタ

巣を壊し、シロアリを食べる
チンパンジー

オーストラリアのシラオラケットカワセミは、グロビテルメスのアリ塚に穴を掘って巣にします。

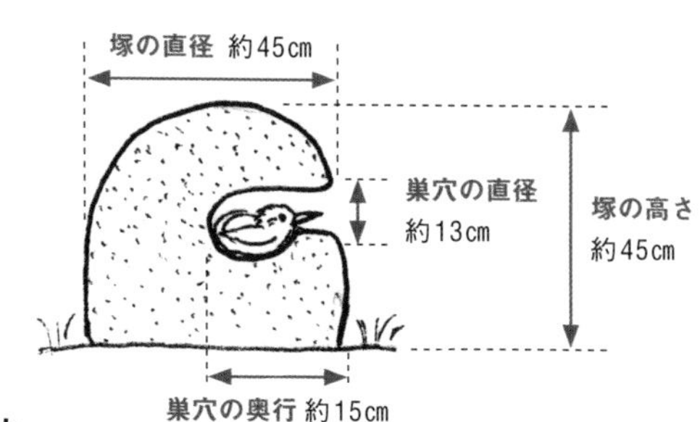

つくり手プロフィール

シラオラケットカワセミ

Tanysiptera sylvia

カワセミ科ラケットカワセミ属

英　名　Buff-breasted Paradise Kingfisher
全　長　約35cm
生息地　オーストラリア北東部および
ニューギニアに分布

◀◀ 花の蜜でできた、甘ーい巣があります。

花の蜜からつくられる巣

ミツバチはさまざまな花から集めた蜜をハチミツにし体内で蜂ろうに変え、おなかのろう腺からろう片として分泌し、それを材料に六角形の部屋が集まった巣をつくります。

つくり手プロフィール

セイヨウミツバチ

Apis mellifera

ミツバチ科ミツバチ属

英　名　Europian Honey bee
全　長　約1.3cm（働きバチ）
生息地　ヨーロッパ〜アフリカ〜西アジアに分布

海外に広く分布するミツバチの一種。花の蜜を集め、だ液に含まれる酵素と混ぜることでハチミツをつくり、栄養源とする。集団で生活し、1匹の女王バチに対して通常、数万匹の働きバチが一緒に生活する。日本には養蜂のためにもち込まれた。

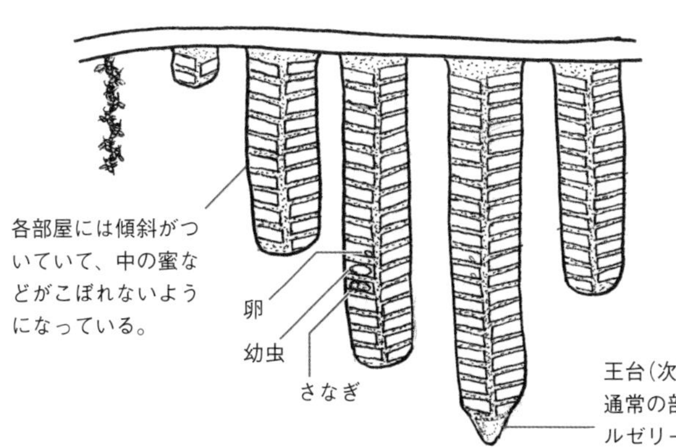

各部屋には傾斜がついていて、中の蜜などがこぼれないようになっている。
卵
幼虫
さなぎ
王台（次期女王バチが育つ部屋）。通常の部屋より大きく、ローヤルゼリーで満たされている。

正確な体位を知る感覚毛があるので、六角形を正確につくることができる。

巣のつくり方

ミツバチの体内で生成された蜜ろうが、腹部のろう腺から分泌される。このろう片を材料にして巣をつくる。

1 ろう片を分泌しているハチが木の枝などに集まりぶら下がる。

2 巣を取りつける場所へ行き、ろう片を足で外し、口でかみほぐして天井部に貼りつけ、基礎をつくる。

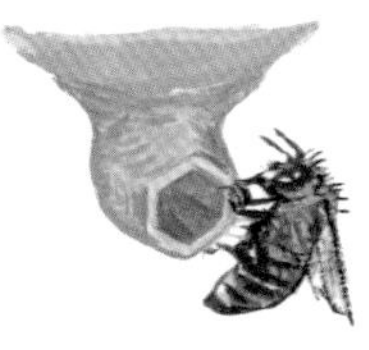

3 部屋の壁を薄く伸ばして、六角形にしていく。完成した部屋の壁の厚さは0.07～0.09㎜。

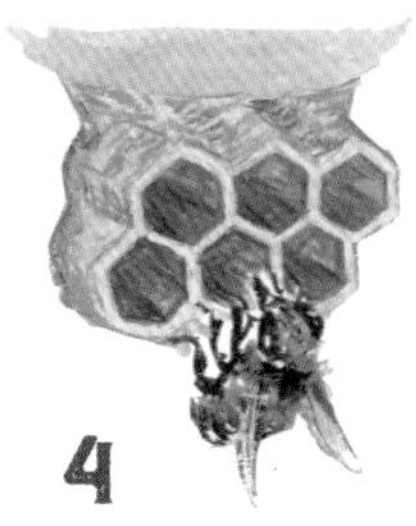

4 中央から左右下方へ部屋を拡大していく。

六角形の秘密

ミツバチの巣（honey comb）の六角形が集まった形は「ハニカム構造」と呼ばれ、人口衛星や飛行機の壁、新幹線の床や建造物など、さまざまな構造物や乗り物に応用されています。六角形を並べれば、無駄な隙す きま間がなく、最少の材料で最大の空間がつくれます。周りからの圧力にも強く丈夫で、音や衝撃を吸収し、断熱機能もあるのです。

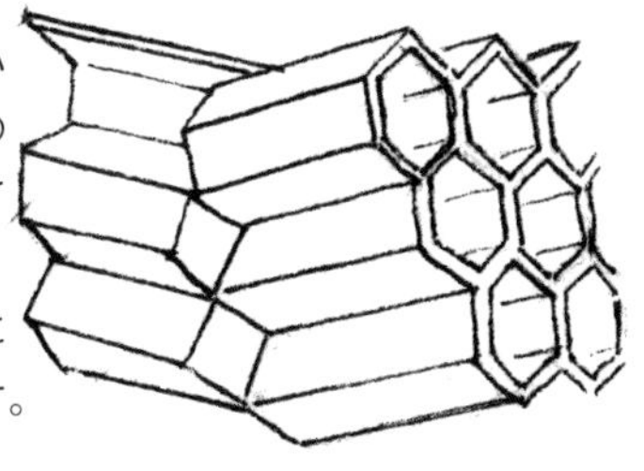

◀◀ **植物の繊維を材料にしたハチの巣もあります。**

和紙でできているような巣

アシナガバチのなかまは、枝や葉の表面の毛や皮など繊維質の部分を集め、口の中でだ液と混ぜて吐き出し、固めていきます。和紙のような素材の、軽くて丈夫な巣をつくります。

かつて中国では、アシナガバチの巣をヒントにして紙を発明したといわれています。アシナガバチの巣を光に透かして見ると、細かい繊維でできていて確かに和紙のようです。

下から
見たところ

柄の部分には、天敵であるアリが嫌う物質を塗りつけてある。

部屋の数は最大で300〜400になる。

つくり手プロフィール

セグロアシナガバチ

Polistes jokahamae

スズメバチ科アシナガバチ属

英　名　Paper wasp

全　長　約2cm

生息地　本州以南に分布

市街地でよく見かけるアシナガバチの一種。アシナガバチ類では大型の種で、黒地に黄色い斑紋が入る。人家の軒下などに巣をつくり、ほかの昆虫を狩って肉だんごにして巣に運び、幼虫に与える。

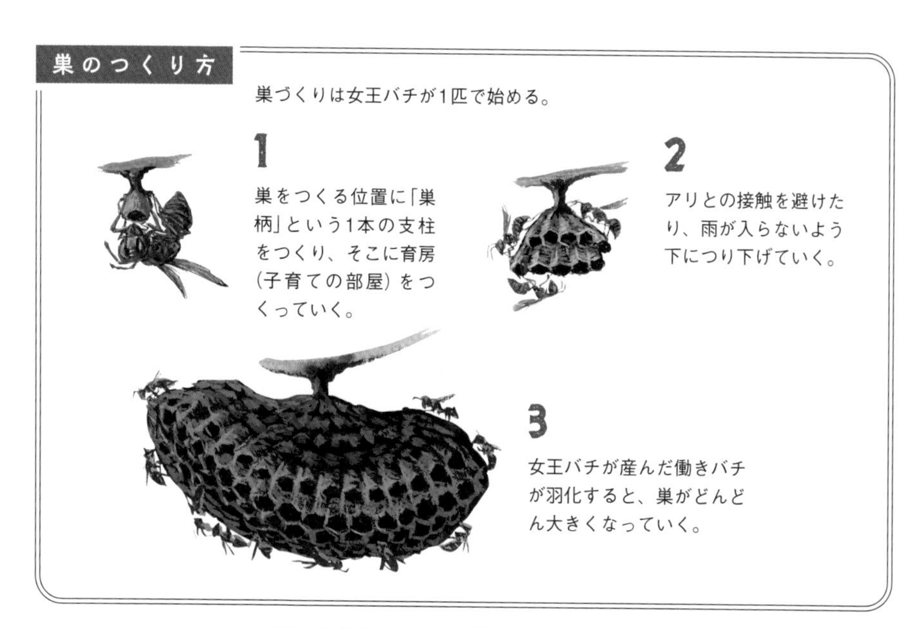

巣はむき出しなので、巣を大きくするのは容易ですが、風雨にさらされます。雨のあとは、巣が含んだ水分を吸い込んで、外に捨てます。

同じアシナガバチのなかまでも、種によって巣の形はさまざまです。

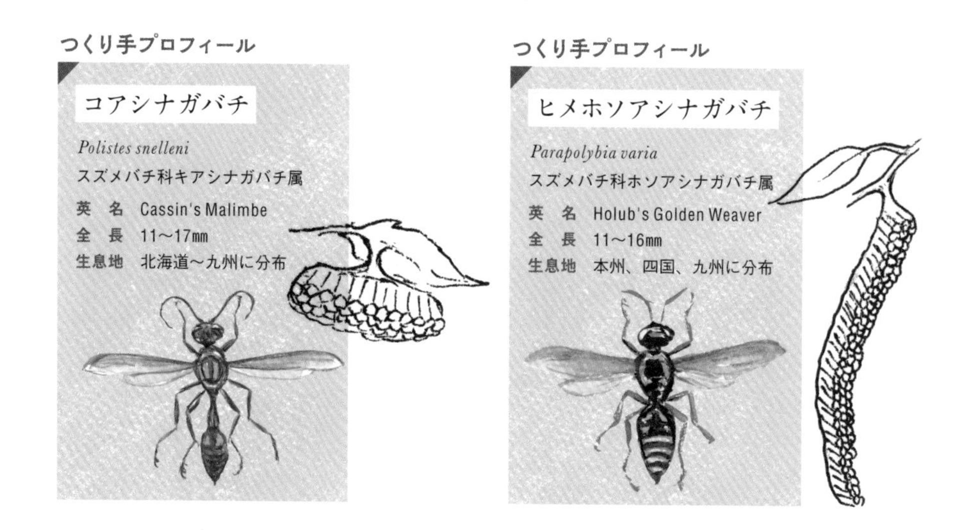

◀◀ 素材が異なる、高層マンションのようなハチの巣もあります。

外壁を備えた高層マンション

アシナガバチ（128ページ）のむき出しの巣と異なり、スズメバチのなかまの巣は、「外被」という外壁で覆われています。外被は風雨や寒さ、天敵から巣の内部をまもります。

スズメバチのなかまは樹木からかじりとった繊維をだ液と混ぜ、はき戻して整形し、巣をつくります。いろいろな樹木から巣材をとるので、外被は不思議で美しいまだらな波模様になります。

つくり手プロフィール

ケブカスズメバチ

Vespa simillima

スズメバチ科スズメバチ属

英　名　Japanese yellow hornet
全　長　約2.5㎝
生息地　日本、朝鮮半島、サハリン、東シベリアに分布

日本に生息するスズメバチ類で最も小型の種。本州以南に生息する個体はキイロスズメバチの亜種名で呼ばれる。市街地にも多く、住宅の軒下や樹木などに大きな巣をつくる。ミツバチの天敵で、巣を襲うことが多い。

巣の内部は階層状で、高層マンションのよう

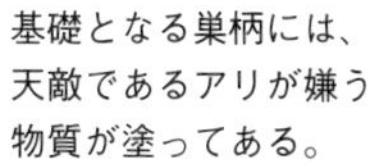

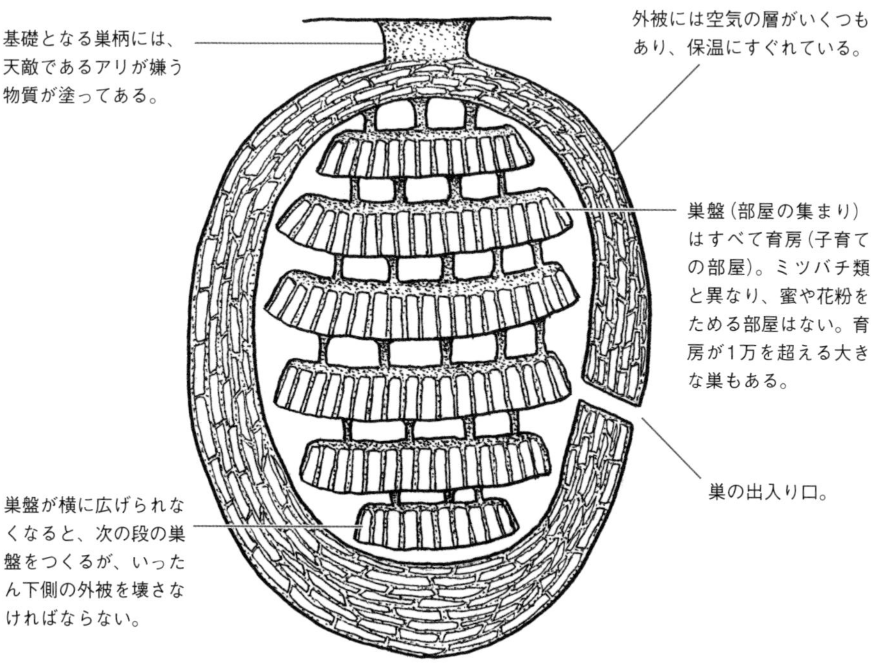

基礎となる巣柄には、
天敵であるアリが嫌う
物質が塗ってある。
外被には空気の層がいくつも
あり、保温にすぐれている。
巣盤（部屋の集まり）
はすべて育房（子育て
の部屋）。ミツバチ類
と異なり、蜜や花粉を
ためる部屋はない。育
房が1万を超える大き
な巣もある。
巣の出入り口。
巣盤が横に広げられな
くなると、次の段の巣
盤をつくるが、いった
ん下側の外被を壊さな
ければならない。

巣のつくり方

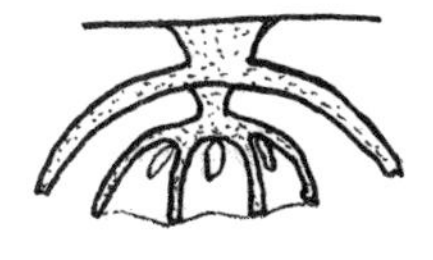

1

最初は女王1匹で巣をつくる。巣柄（巣を支える柄）と外被をつくり、いくつかの部屋をつくって産卵する。

2

働きバチが産まれてくると、巣づくりは引き継がれ、女王は産卵に専念できるようになる。

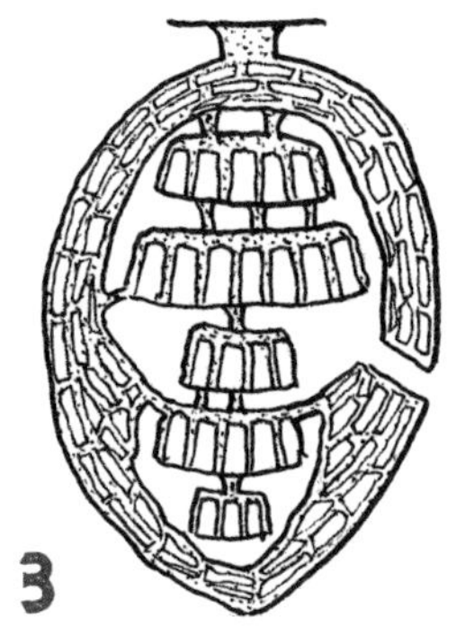

3

働きバチは巣を拡張し、支柱をつくって階層状にしていく。

◀◀ **自分の体から材料を出して、つくる巣があります。**

ハンターが獲物を待ち伏せする袋状の巣

クモのなかまの多くは、おしりにある「糸いぼ」から糸を出し巣をつくって、虫などを捕まえます。クモのなかまは世界に約4万種。その約半数が巣をつくるクモで、残りの半数は巣をつくらず、動きまわって獲物を捕らえる徘徊性のクモです。

ジグモの巣は、いわゆる「クモの巣」のような網ではありません。巣は細長い袋状で、上部は地上に出ていて樹木や草、塀や石垣などの根元にくっつけられ、下部は地下にあってクモがすんでいます。

つくり手プロフィール

ジグモ

Atypus karschi
ジグモ科ジグモ属
英　名　Mygalomorph Spider
全　長　1〜2㎝
生息地　北海道〜九州にかけて分布

細長い袋状の巣にすみ、地下の巣で獲物を待ち受けるクモの一種。あごが大きく発達しており、獲物が巣に触れると袋越しにかみつき、袋を破って巣に引きずり込んで食べる。

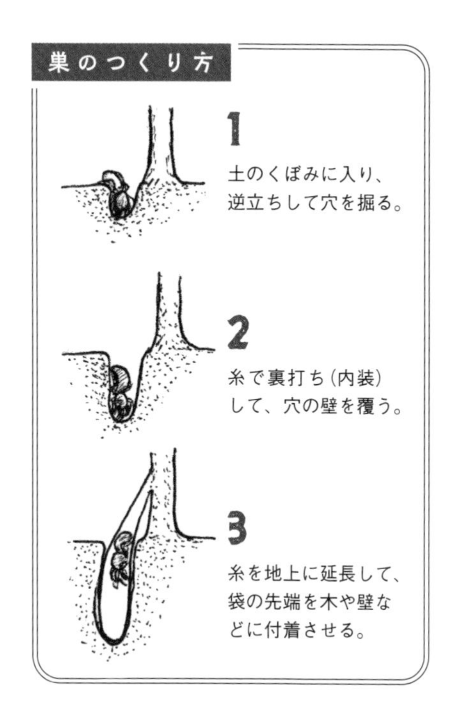

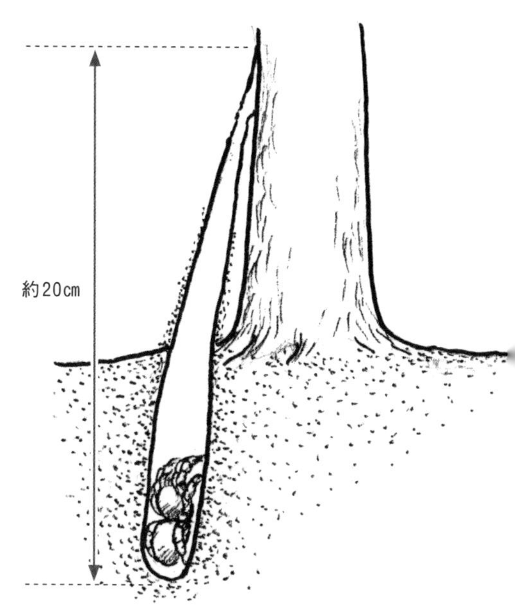

ジグモのハンティング

クモのなかまは、捕らえた獲物に消化液をかけ、溶かしながら吸い込みます。こうした食事法を「体外消化」といいます。

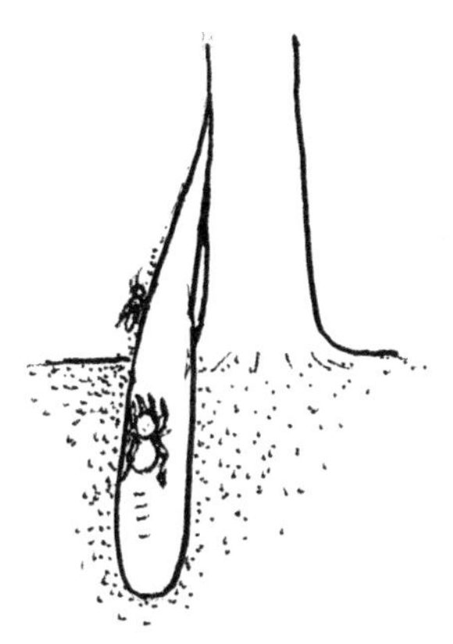

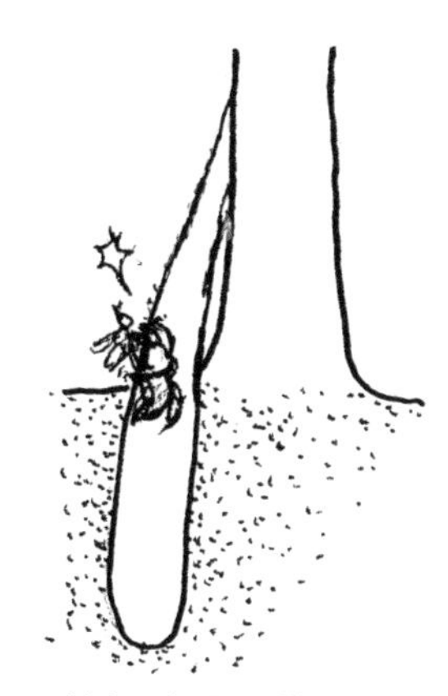

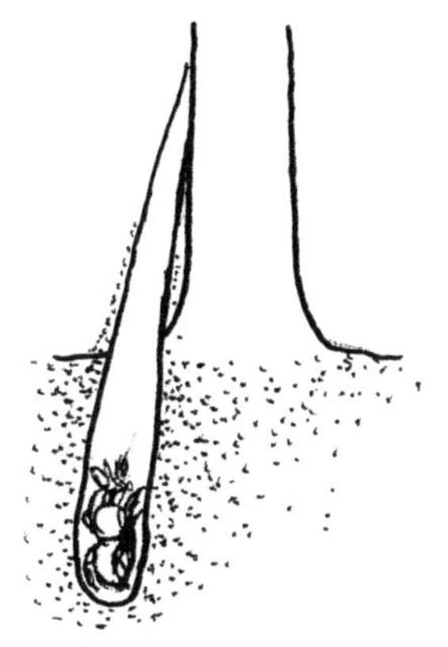

1 獲物が巣の地上部に触れるとその震動がクモに伝わる。

2 地上へ上がり、袋越しに鋭い牙で獲物にかみつく。

3 獲物を巣の中に引きずり込んで食べる。破れた巣はまた修復する。

◀◀ 出入り口にふたのある巣もあります。

出入り口にふたのある巣

トタテグモのなかまは地下に穴を掘り、内壁を糸で裏打ち（内装）して巣をつくります。巣穴の出入り口には、土を糸でまとめたふたがかぶせてあります。ふたは一部が巣穴の裏打ちとつながっていて、蝶番（ちょうつがい）のように開閉できます。

つくり手プロフィール

キシノウエトタテグモ

Latouchia typica

トタテグモ科トタテグモ属

英　名　Trap Door Spider

全　長　0.9～1.5㎝

生息地　本州中部以南に分布（都心部に多い）

穴を掘り、ふたをつくって隠れて通りかかる獲物を待ち伏せして捕らえるクモの一種。巣は縁石や石垣の脇などに多い。菌類に寄生されることがあり、死んだクモからキノコが生え、巣を見つけることができる。

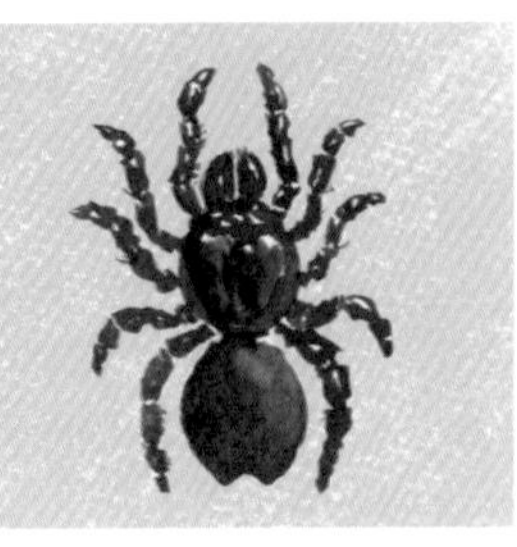

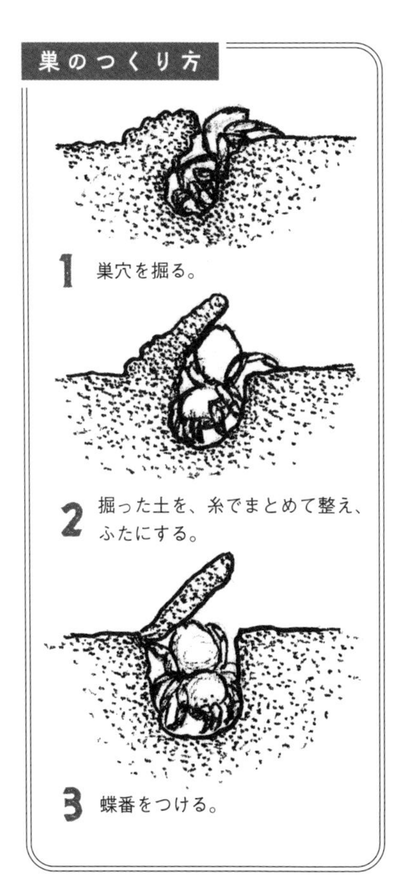

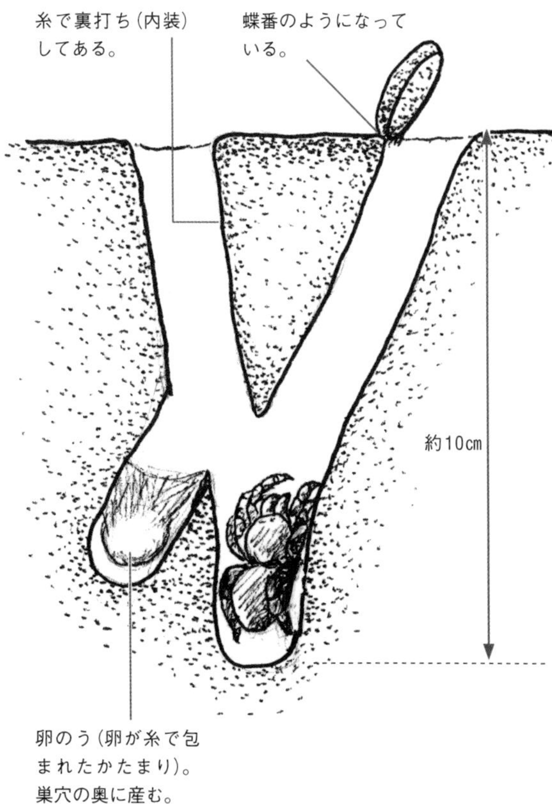

トタテグモのなかまは、巣穴の中で獲物を待ちます。獲物が近づくと、ふたを開けて素早く飛びかかり巣穴の中に引きずり込んで食べます。

◀◀ 水中にもクモの巣があります。

水中のクモの巣

ミズグモは世界で唯一、水中に巣をつくって暮らしているクモです。
　水中に球形の空気の部屋をつくります。捕らえた獲物をこの部屋で食べ、卵もこの部屋に産みます。

つくり手プロフィール

ミズグモ

Argyroneta aquatica
ミズグモ科ミズグモ属
英　名　Water Spider
全　長　0.8～1.5㎝
生息地　ヨーロッパから日本にかけて分布

世界で唯一、水中生活するクモ類。糸を巧みに使い、空気の泡を集めて巣として使う。獲物を食べるのも、産卵もこの泡の巣で行う。空気を抱えやすいよう、第3～4脚に長い毛が密生する。

巣のつくり方

1 水草の間に糸を張る。

2 おしりを外に出して空気の泡をつくり、体に生える細かい毛でつかむ。

3 空気の泡を糸にくっつける。

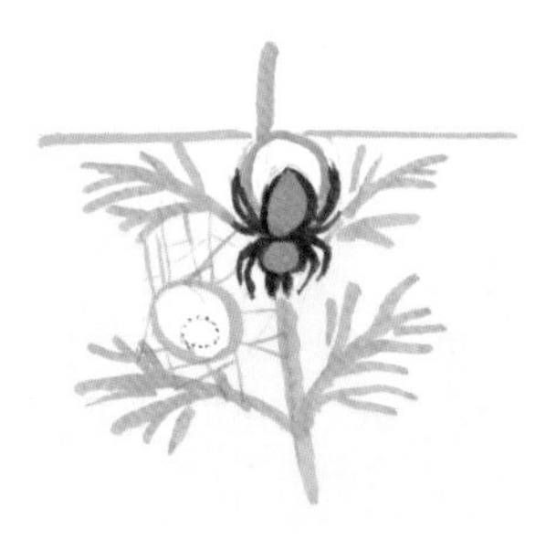

4 1～3を繰り返し、巣の中の空気を増やしていく。

5 いつもは巣の中にいて、水面に虫が落ちると襲いかかる。

6 獲物を巣の中に運び入れ、食べる。卵も巣の中に産む。

◀◀ **糸を張りめぐらし、ぶつかって落ちた虫を捕えるクモもいます。**

獲物をノックアウトする網

サラグモのなかまは、枝の間にハンモック形、ドーム形や皿形の網を張り上部に虫がぶつかるように糸を張って、下側で獲物を待ちます。

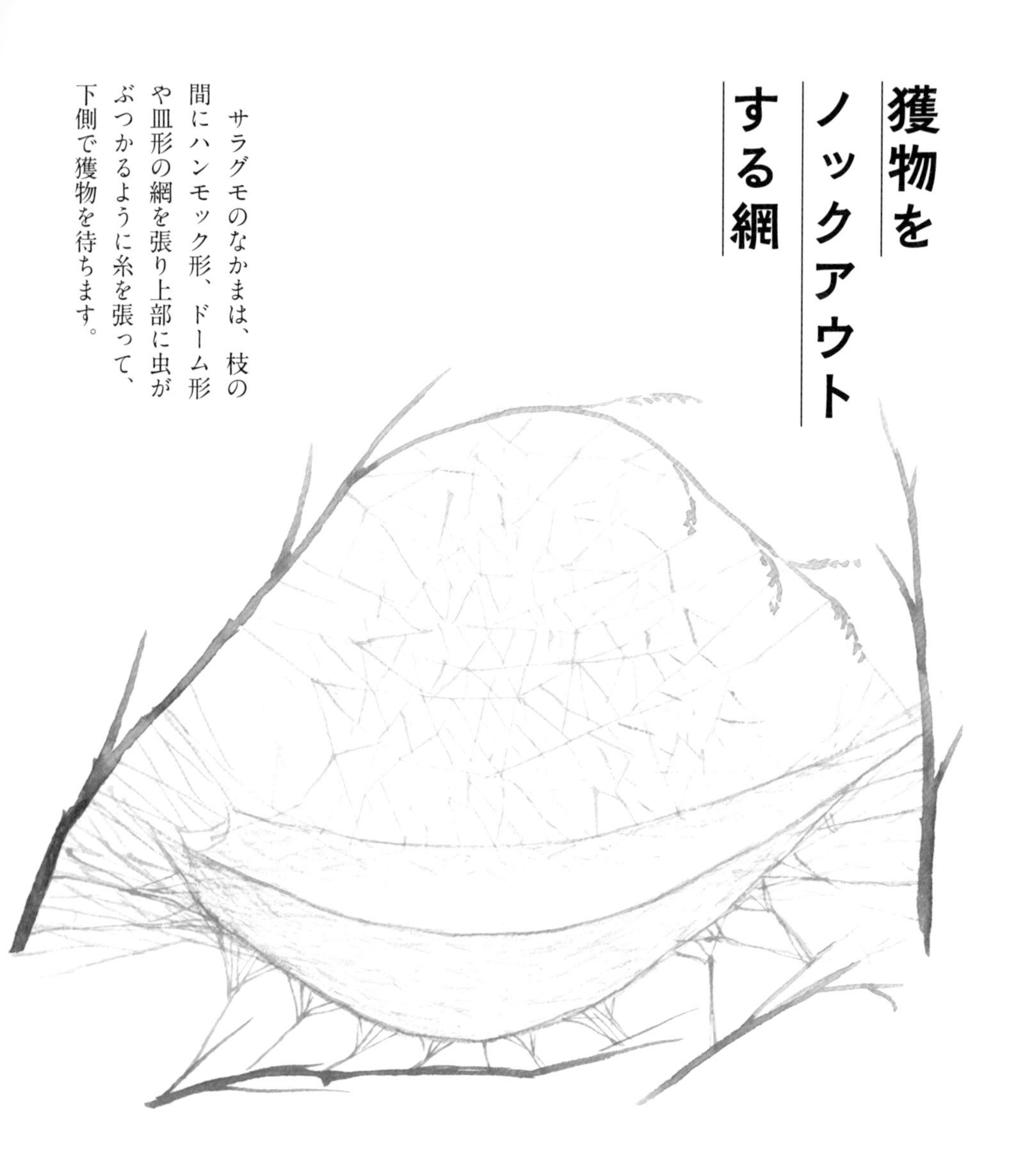

つくり手プロフィール

クスミサラグモ

Neriene fusca
サラグモ科コウシサラグモ属
英　名　Mygalomorph Spider
全　長　3.5〜5.5㎜
生息地　北海道から九州にかけて分布

山地に生息するクモの一種。早春の早い段階に出現しハンモック形の網を張り、糸に当たって落ちた昆虫類を捕食する。

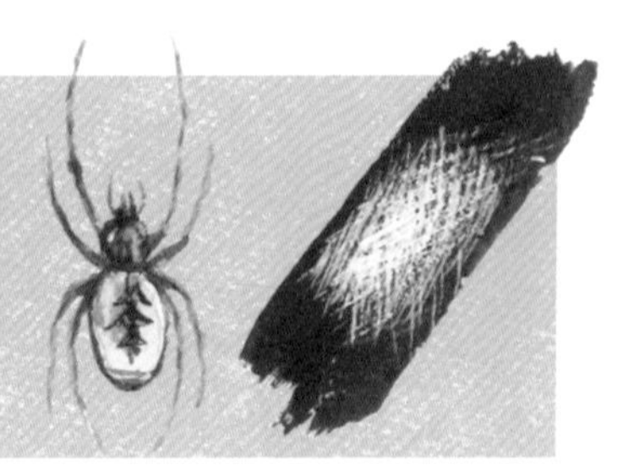

クスミサラグモのハンティング

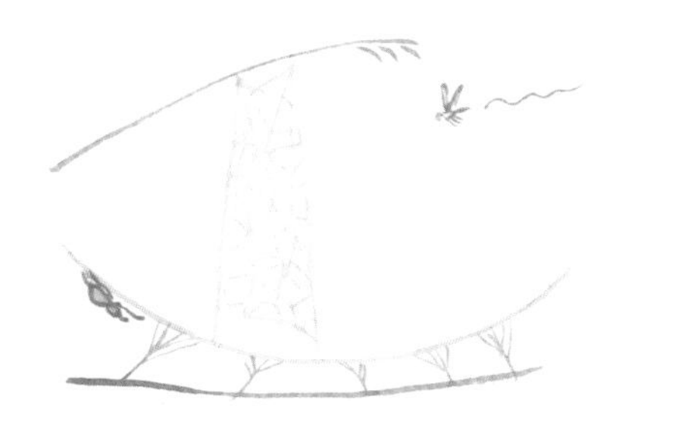

1 ハンモックの下側にいて、獲物がやって来るのを待つ。

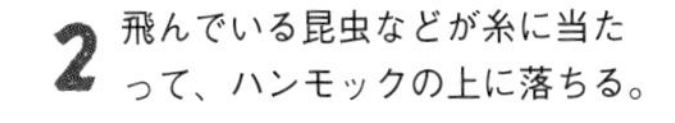

2 飛んでいる昆虫などが糸に当たって、ハンモックの上に落ちる。

3 下から網越しに獲物にかみつき、食べる。

つくり手プロフィール

ユノハマサラグモ

Turinyphia yunohamensis

サラグモ科ユノハマサラグモ属

全　長　3〜6㎜

生息地　北海道〜九州に分布

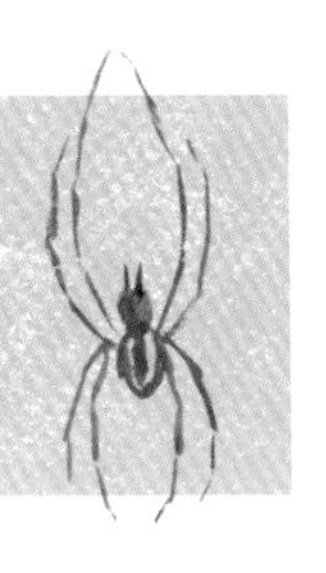

つくり手プロフィール

アシナガサラグモ

Neriene longipedella

サラグモ科シロブチサラグモ属

全　長　4.5〜7㎜

生息地　北海道〜九州に分布

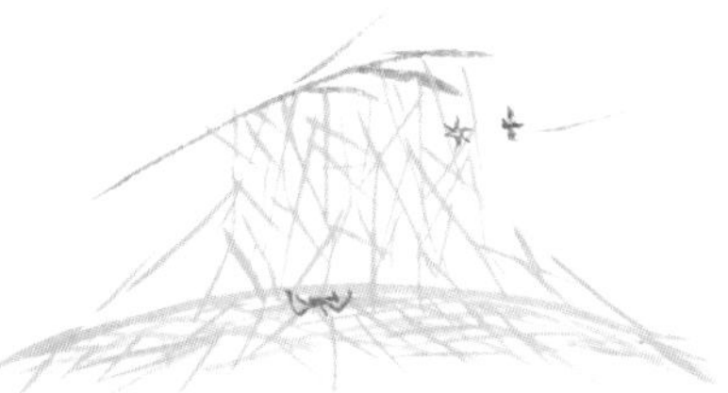

皿をひっくり返したような浅いドーム形。

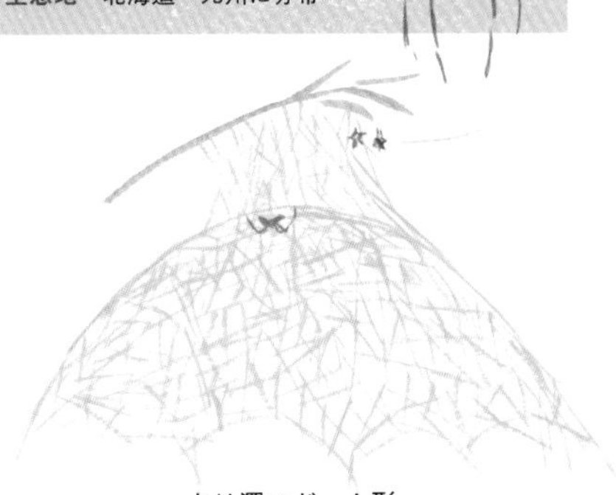

より深いドーム形。

◀◀ **粘着力のある糸で獲物を捕らえるクモの巣もあります。**

粘着力のある糸で獲物を捕らえる円形の網

家の軒先や公園、野原など、いろいろなところでよく見かける形の巣です。巣の形はクモの種によって異なり、同種でも微妙に異なります。

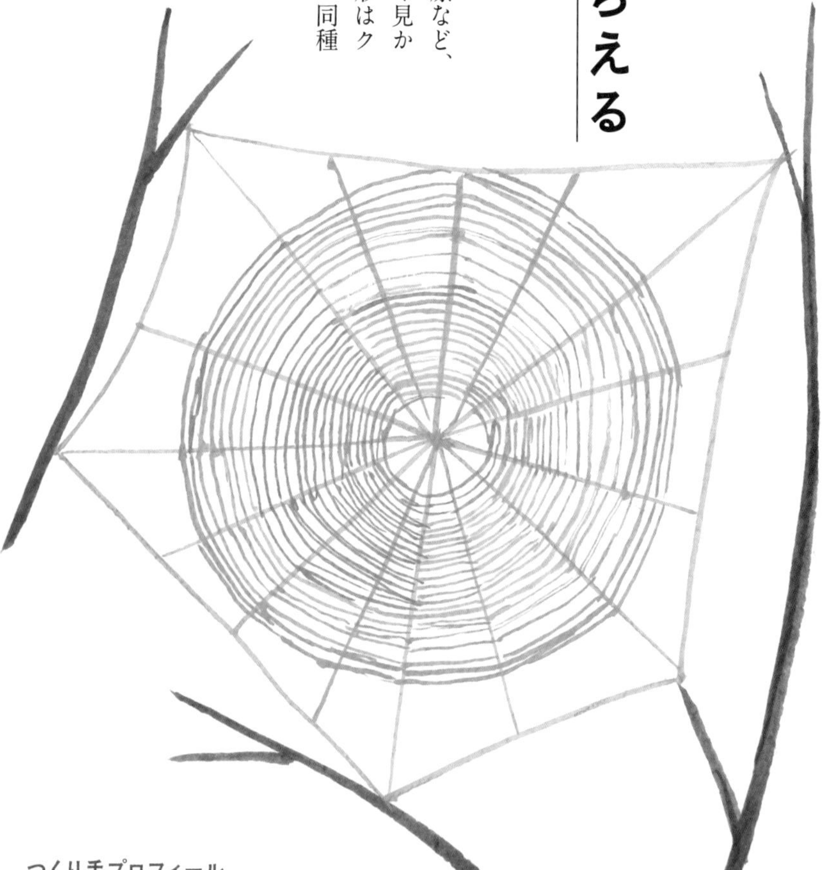

つくり手プロフィール

サガオニグモ

Plebs astridae

コガネグモ科プレブス属

英　名　Mygalomorph Spider

全　長　約4.5～10㎜

生息地　本州～沖縄に分布

春先早い時期に出現するオニグモの一種。雑木林などに生息し、樹間や林縁に円形の網を張って、網の中心にとまる。腹部の前側が角張る特徴がある。卵のうに包まれた卵を葉の上などに産みつける。

巣のつくり方

1 おしりから糸を出して風に乗せ、流す。

2 糸が枝などに付いたら、何回か往復し、糸を重ねて頑丈にする。これが土台となる「橋糸」。

3 橋糸の中央から、糸を出しながら下がる。

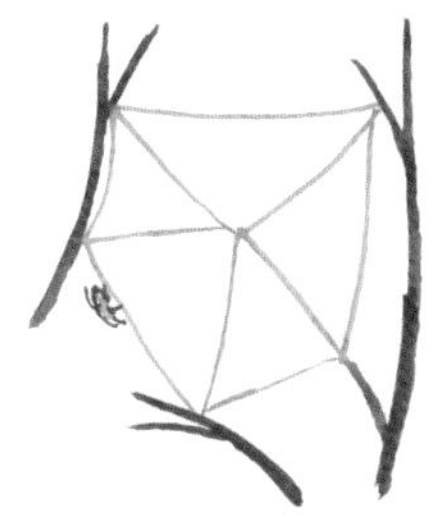

4 外側に「枠糸」を張り、中心から放射状に「たて糸」を張る

5 粘着力のない「足場糸」を中心から、うずまき状に張っていく。

6 粘着力のある「横糸」を外側から中心に張っていく。いらなくなった「足場糸」を外し、完成（約1時間）。

変わった卵のうをつくるクモたち

つくり手プロフィール

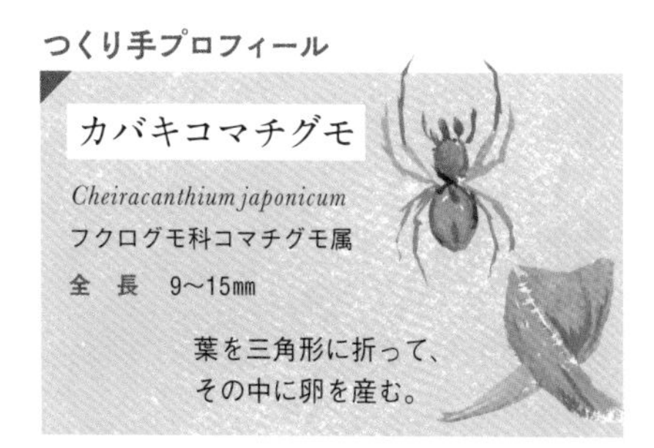

カバキコマチグモ

Cheiracanthium japonicum

フクログモ科コマチグモ属

全　長　9〜15㎜

葉を三角形に折って、その中に卵を産む。

つくり手プロフィール

トリノフンダマシ

Cyrtarachne bufo

ナゲナワグモ科トリノフンダマシ属

全　長　1.5〜10㎜

袋に入れて葉などにぶらさげる。

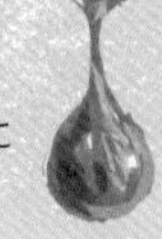

◀◀ **細くて丈夫なクモの糸やガのマユの糸を材料として使う巣があります。**

クモの糸を使ってつくる巣

エナガはクモの糸やガのまゆの糸を使いコケを貼りつけて、球形の巣をつくります。巣の中には、拾ってきたほかの鳥の羽毛を数百本も入れ、卵やひなを寒さからまもります。

つくり手プロフィール

エナガ

Aegithalos caudatus

エナガ科エナガ属

英　名　Long-tailed Tit
全　長　約14㎝
生息地　ヨーロッパから日本にかけて広く分布

ぬいぐるみのようにふわふわとした小鳥。体の大きさに比べて尾羽が長いのが特徴で、和名の由来となった。枝先にぶら下がるような行動をよく見せ、林を移動しながら昆虫類を食べるほか、樹液も好んでなめる。

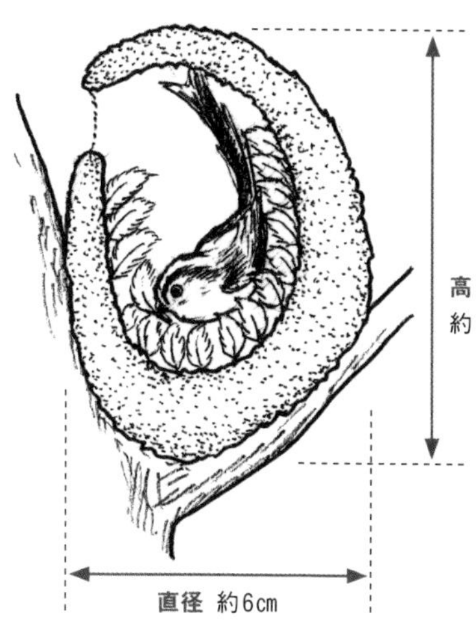

エナガは早春のまだ寒い時期から子育てするので、巣の保温性を高めるために多数の羽毛を使う。1,000枚以上の羽毛が入っていた巣もある。

エナガの巣は、木のこぶに似せることで天敵に見つからないようにしている。

巣のつくり方

1

巣をつくる場所に、採ってきたコケを足で踏んだりしてくっつける。

2

クモの糸を外側と内側と交互にひっかけて、コケを自分のまわりに積み上げていく。

3

どんどん積み上げて壺のようにしていく。

4

屋根をつくり、出入り口を横向きにして、中に羽毛を入れる。

巣をつくる場所は太い木のまたや、やぶの中などいろいろです。

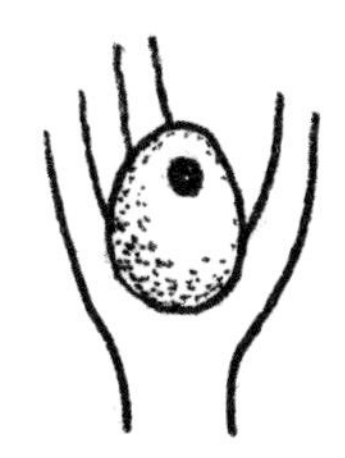

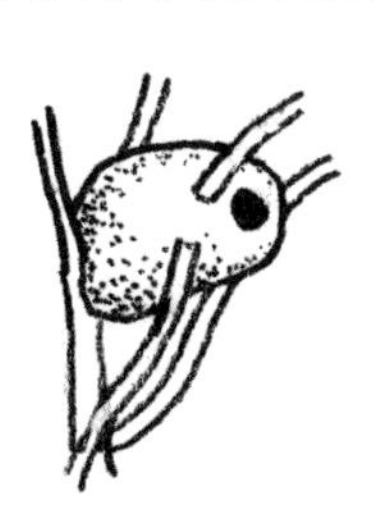

◀◀ **同じようにコケを使い、枝からぶら下げる巣もあります。**

クモの糸とコケを使う
そのほかの巣

ヤブガラの巣はエナガ（142ページ）の巣と同じような材料とつくり方ですが、巣は枝から吊り下げます。

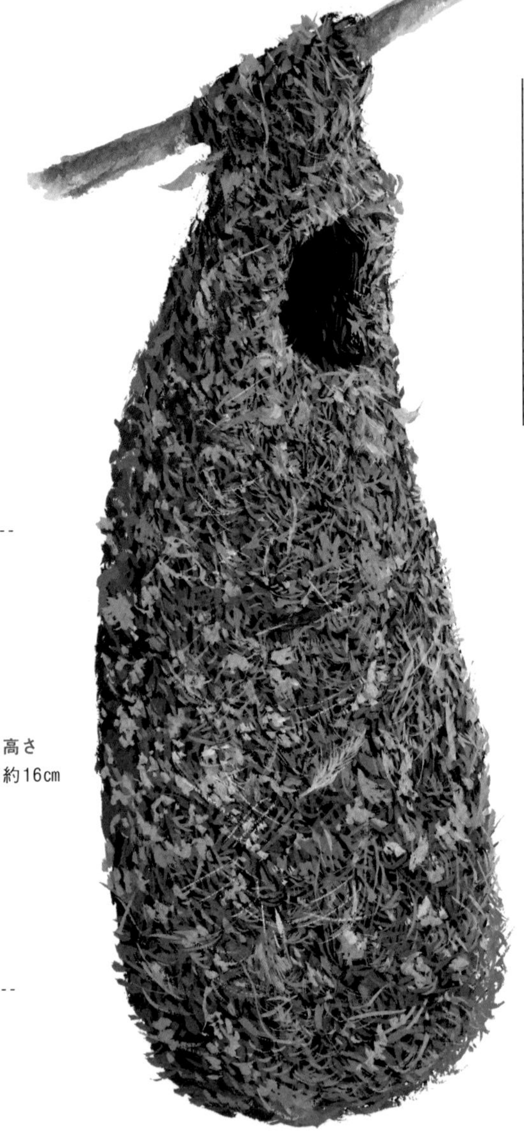

高さ
約16㎝

直径 約6㎝

つくり手プロフィール

ヤブガラ

Psaltriparus minimus

エナガ科エナガ属

英　名　American Bushtit

全　長　約11㎝

生息地　北米西部から中米に分布

山地林に生息する小鳥で、庭先や公園などにも現れる。体重約5gほどしかない小型種。尾羽が長い。群れで行動し昆虫類やクモなどを捕食する。

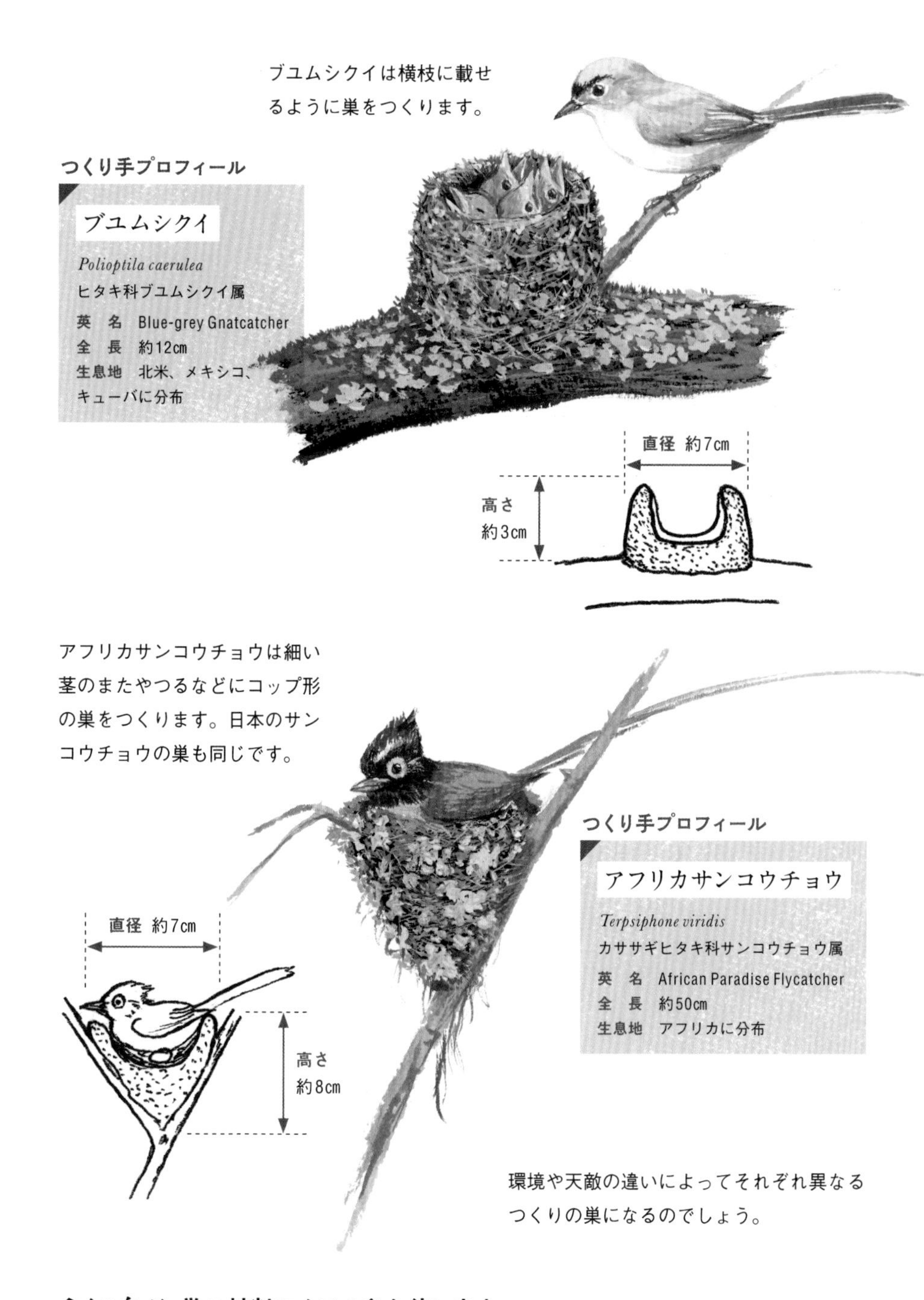

ブユムシクイは横枝に載せるように巣をつくります。

つくり手プロフィール

ブユムシクイ

Polioptila caerulea
ヒタキ科ブユムシクイ属
英　名　Blue-grey Gnatcatcher
全　長　約12cm
生息地　北米、メキシコ、キューバに分布

アフリカサンコウチョウは細い茎のまたやつるなどにコップ形の巣をつくります。日本のサンコウチョウの巣も同じです。

つくり手プロフィール

アフリカサンコウチョウ

Terpsiphone viridis
カササギヒタキ科サンコウチョウ属
英　名　African Paradise Flycatcher
全　長　約50cm
生息地　アフリカに分布

環境や天敵の違いによってそれぞれ異なるつくりの巣になるのでしょう。

多くの鳥が、巣の材料にクモの糸を使います。
なぜでしょうか？

鳥たちは、大切な卵とひなをまもるため、天敵に見つからない巣をつくります。小さな鳥たちは、運べるものがコケなどの小さな素材に限られますが、それらをまとめるには、クモの糸は細工しやすくてとても良い素材です。巣が小さくコンパクトになるとともに、コケなどの素材を貼りつけることでカムフラージュにもなり、天敵に見つかりにくくなるのです。

つくり手プロフィール

オーストラリアゴジュウカラ

Daphoenositta chrysoptera
オーストラリアゴジュウカラ科
アカガオゴジュウカラ属
英　名　Varied Sittella
全　長　10〜11cm
生息地　オーストラリアおよびニューギニアに分布

オーストラリアゴジュウカラはクモの糸を使ってまわりの木の皮を巣に貼りつけるので、巣が木の一部のようになって見つかりにくくなります。

巣のつくり方

1
枝のまたなど、巣をつくるのにいい場所を選ぶ。

2
クモの糸で木の皮を貼りつけていく。

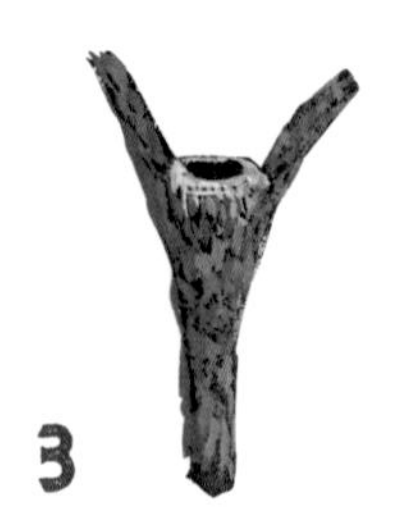

3
中心で回転しながら、少しずつ積み上げていく。

4
体がすっぽり収まる深さになったら完成。

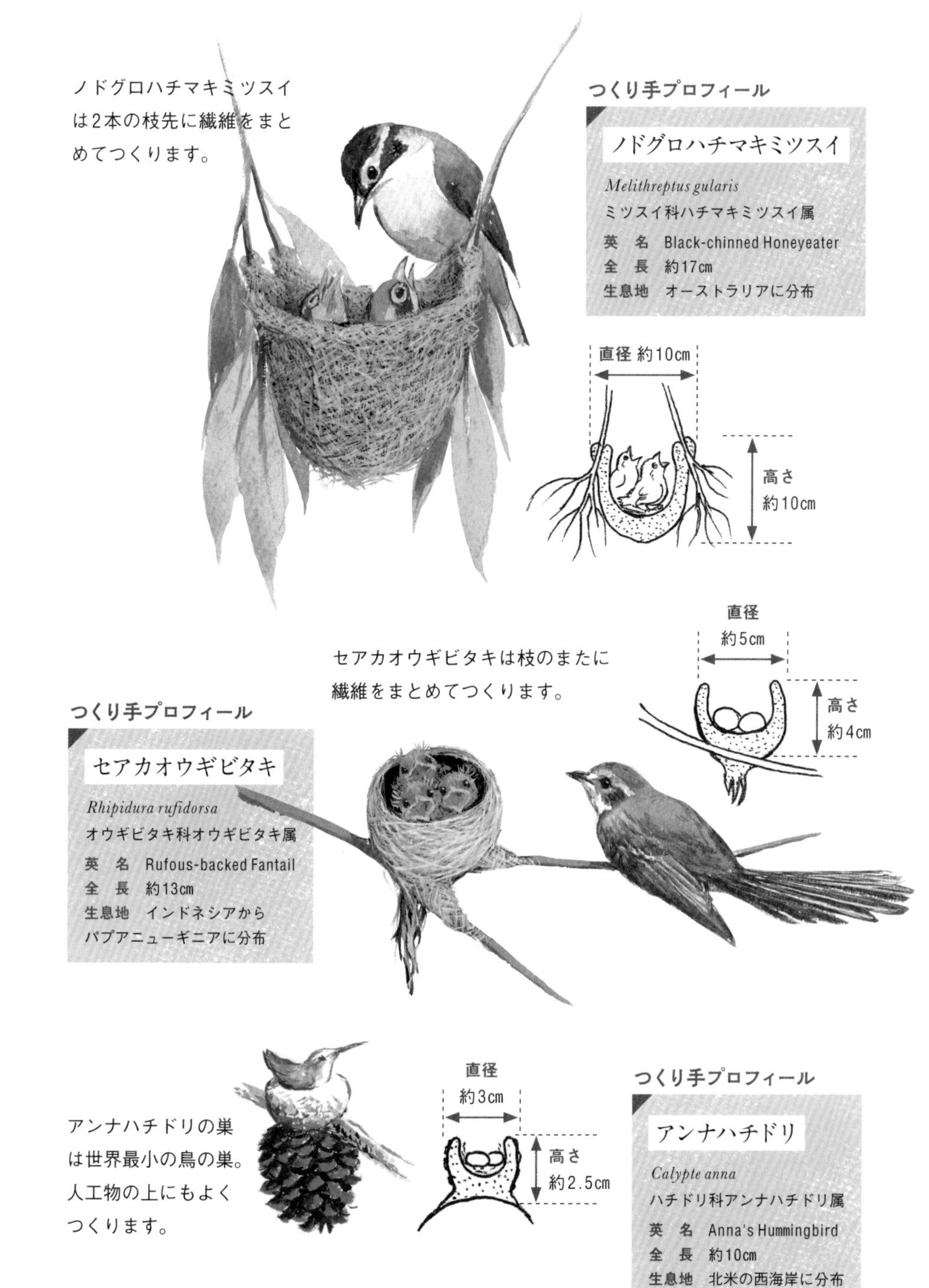

◀◀ **同じようにクモの糸を使い**
くっつけるのではなく、縫ってつくる巣もあります。

クモの糸で葉を縫ってつくる巣

オナガサイホウチョウは、クモの糸で葉を縫って筒状にし、その中に細い繊維や穂などを使ってカップ形の巣をつくります。巣をつくるのは枝先の葉の多い場所なので、なかなか見つかりません。

つくり手プロフィール

オナガサイホウチョウ

Orthotomus sutorius
セッカ科サイホウチョウ属

英　名　Common Tailorbird
全　長　約15cm
生息地　東南アジアに分布

上面がオリーブ色で尾羽が長く、頭頂の赤が目立つ小鳥。美しい鳴き声でさえずる。クモの糸で葉を縫って巣をつくることから英名でTailorbird（仕立て屋）と名づけられ、和名も裁縫鳥となった。

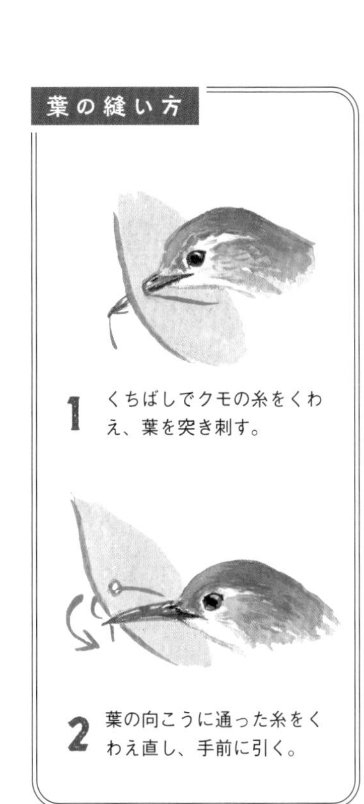

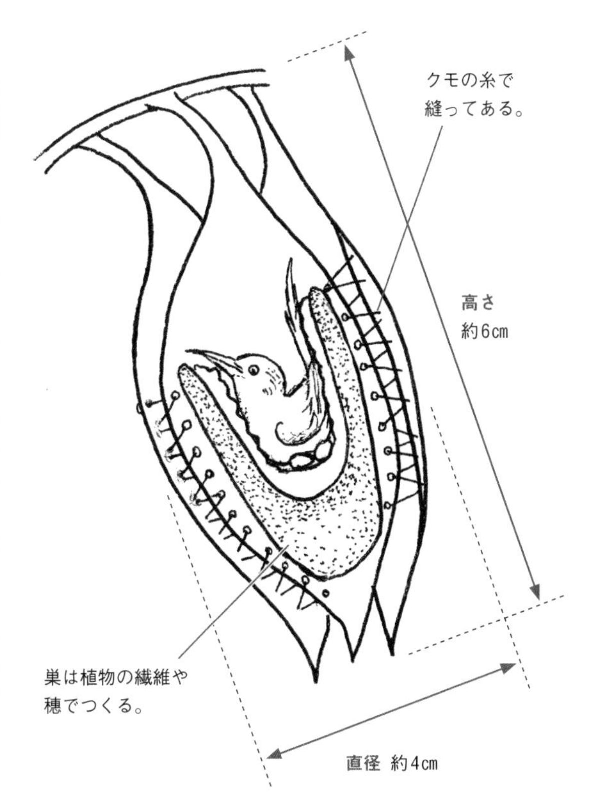

縫い方はいろいろ

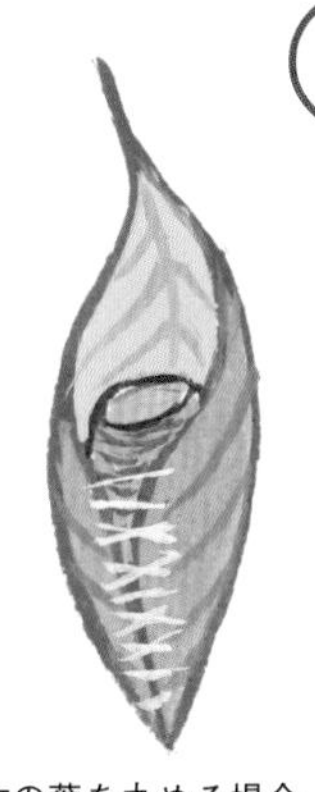

1枚の葉を丸める場合。

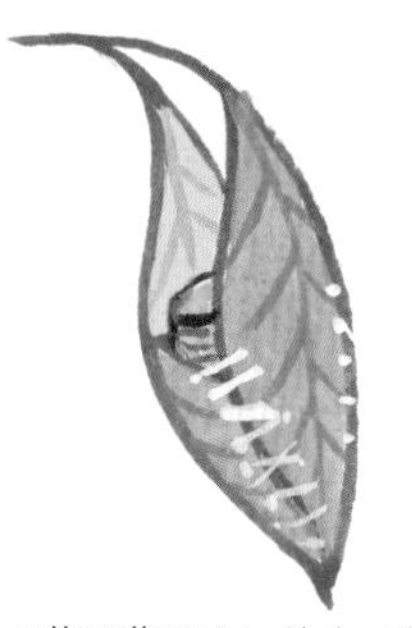

2枚の葉でサンドイッチにする場合。

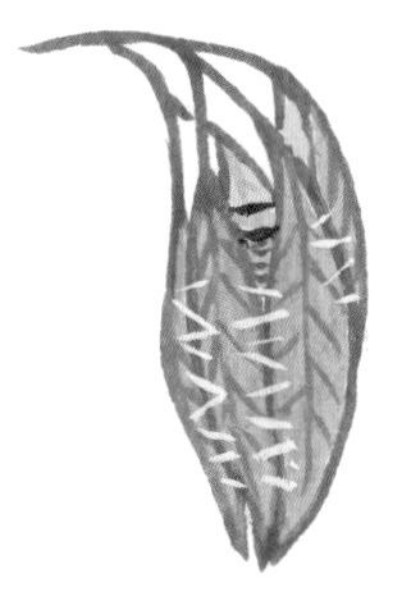

3枚以上の葉でまわりを囲ってしまう場合。

◀◀ **クモの糸で葉を縫う鳥は、日本にもいます。**

日本の「裁縫鳥」

河原、草原などにすむセッカは、オスがクモの糸で葉を筒状に縫い、メスはそれが気にいると、中に植物の穂を運び込み、袋状の巣をつくります。

つくり手プロフィール

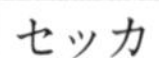

Cisticola juncidis

セッカ科セッカ属

英　名　Zitting Cisiticola

全　長　約13㎝

生息地　ヨーロッパ南部、アフリカ、日本を含むアジア、オーストラリア北部に広く分布

スズメより小さな小鳥で、河原や草原に生息する。「ヒッヒッヒッジャッジャッジャッ」と鳴きながら飛ぶ、さえずり飛翔をよくするが、草の中に隠れてしまい、なかなか姿を見られない。両足を大きく開いて草の茎などにとまる習性がある。

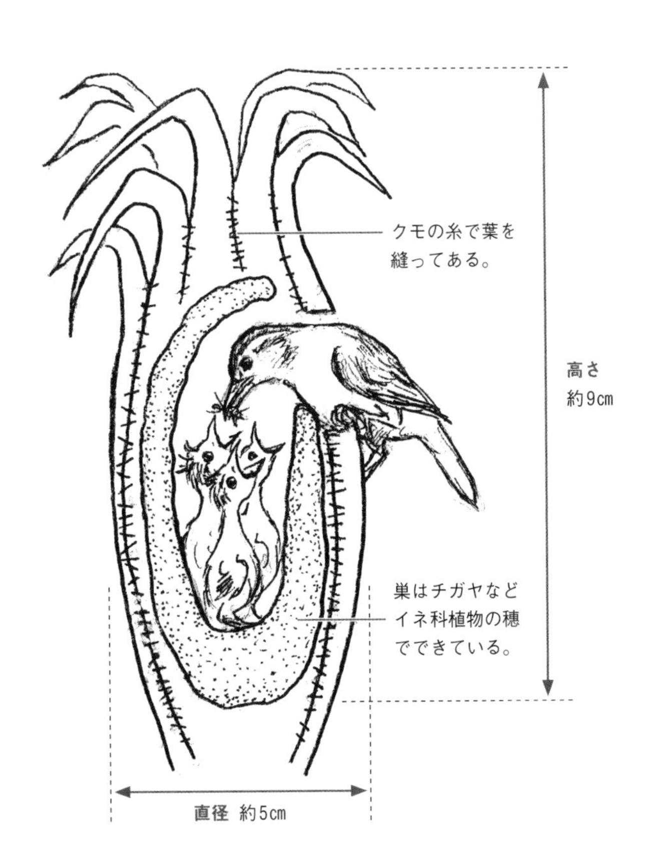

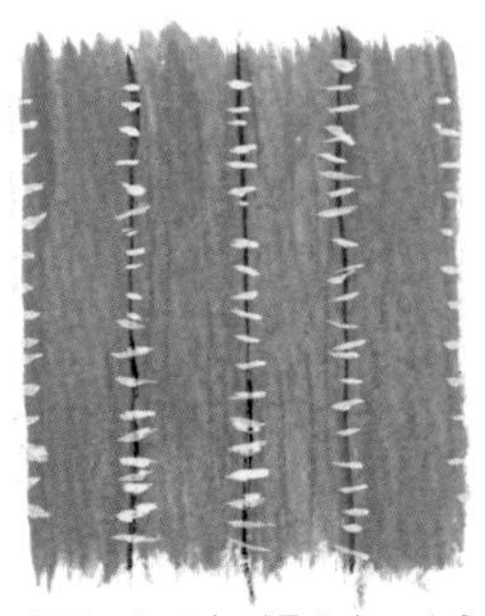

表面からは糸が見えないように縫ってある。

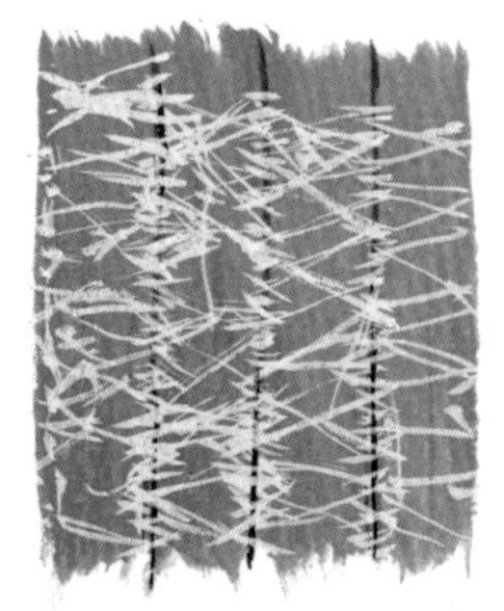

内側から見ると、糸を使って縫ってあることがわかる。裁縫の「まつり縫い」と同じ。

巣のつくり方

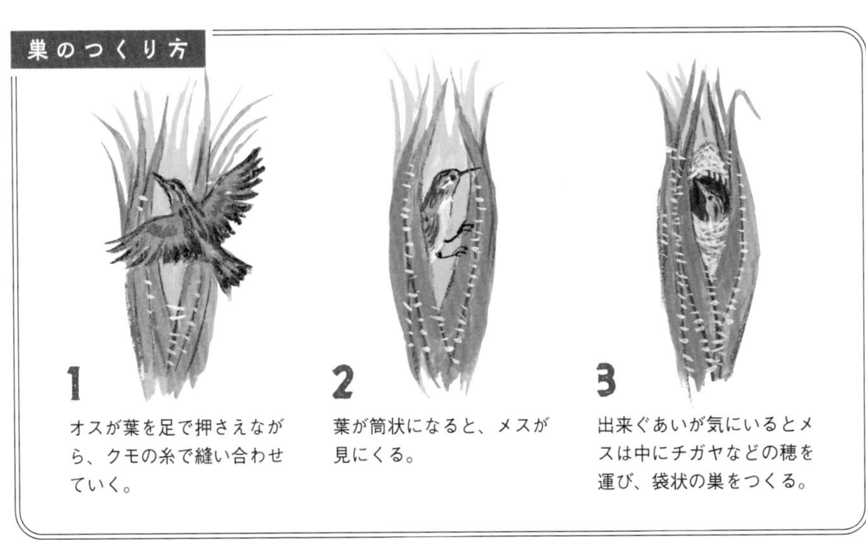

1 オスが葉を足で押さえながら、クモの糸で縫い合わせていく。

2 葉が筒状になると、メスが見にくる。

3 出来ぐあいが気にいるとメスは中にチガヤなどの穂を運び、袋状の巣をつくる。

◀◀ **大きな葉の裏側に縫い付けられる巣もあります。**

葉の裏に縫い付けられる巣

キミミクモカリドリは、バナナなどの大きくて垂れ下がる葉の裏側にクモの糸を使って筒状の巣を縫い付けます。

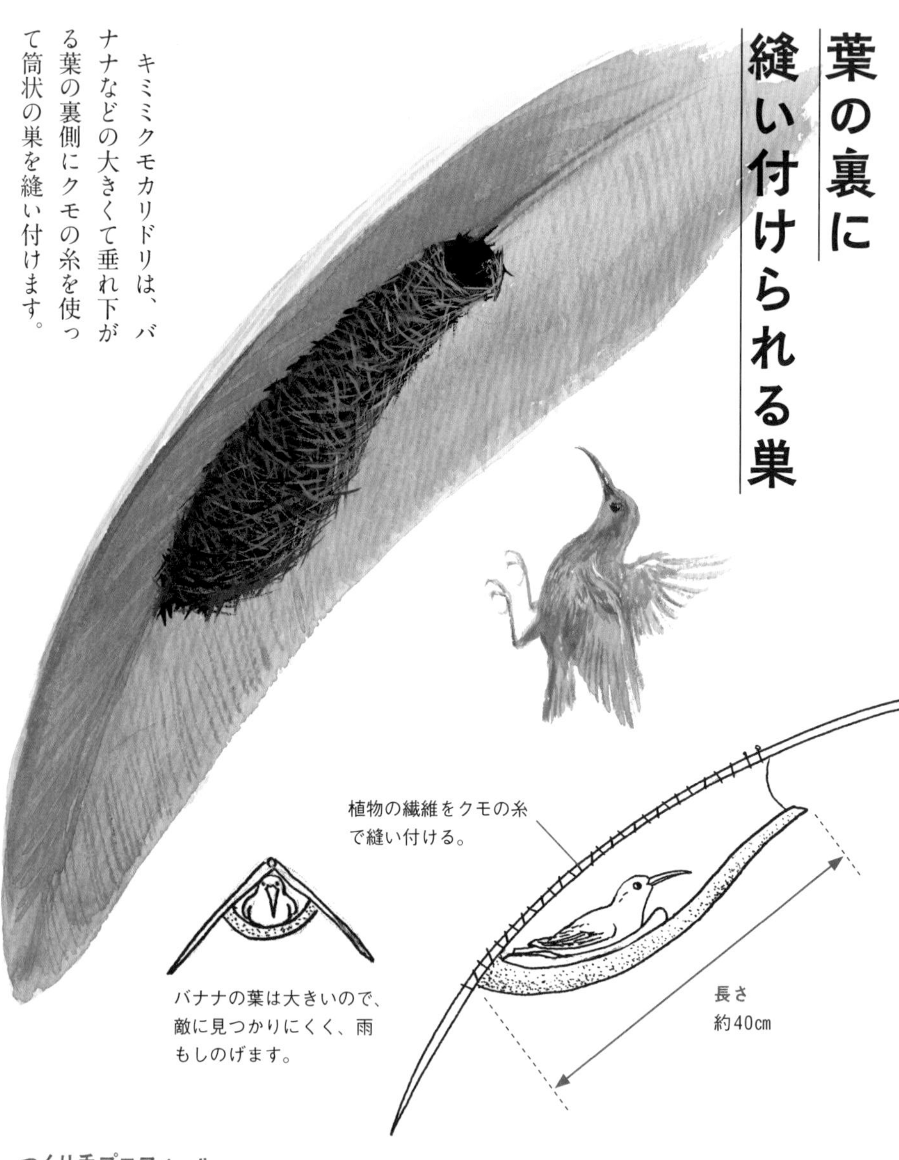

バナナの葉は大きいので、敵に見つかりにくく、雨もしのげます。

つくり手プロフィール

キミミクモカリドリ

Arachnothera chrysogenys

タイヨウチョウ科クモカリドリ属

英　名　Yellow-eared Spiderhunter

全　長　約15cm

生息地　東南アジアに分布

東南アジアの亜熱帯から熱帯地域の平地林、山地林、マングローブ林などに生息する小鳥。蜘蛛狩鳥の名のとおり、大きく下に反った細長くとがったくちばしで、小さな昆虫類やクモを捕食する（英名もSpiderhunter）。

ムナグロムクドリモドキやユミハシハチドリが葉の裏に縫い付ける巣は、おわん形です。

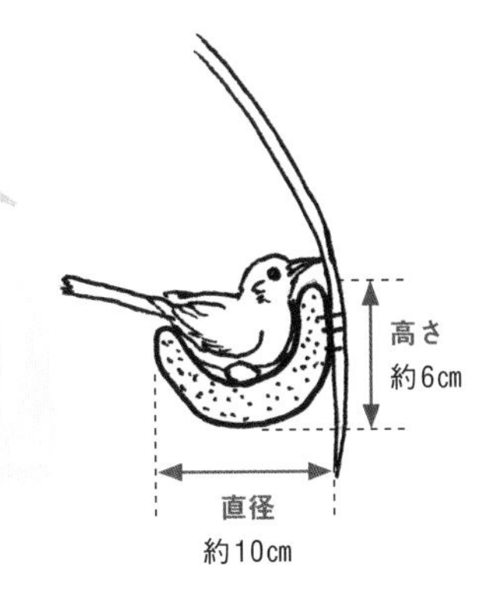

つくり手プロフィール

ムナグロムクドリモドキ

Icterus cucullatus
ムクドリモドキ科ムクドリモドキ属

英　名　Hooded Oriole
全　長　約19cm
生息地　北米南部からメキシコに分布

天敵であるサルやヘビなどの多いジャングルや、環境の厳しい場所にすむ生きものたちは、大切な子どもをまもるために素材や場所を選んで安全な巣をつくっているのです。

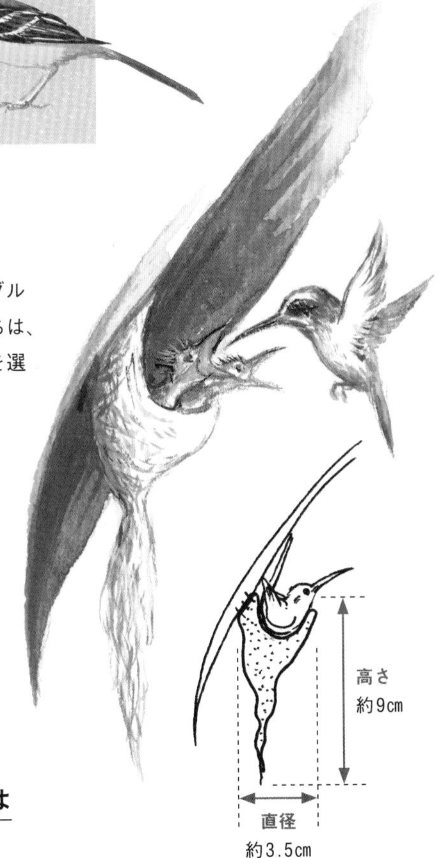

つくり手プロフィール

ユミハシハチドリ

Phaethornis superciliosus
ハチドリ科ユミハシハチドリ属

英　名　Long-tailed Hermit
全　長　約15cm
生息地　南米北部に分布

自然が少なくなった都会にすむ鳥はどんな巣をつくっているでしょうか。

都会の鳥たちの巣づくり

都会にすむカラスは、枝の代わりに針金でできたハンガーなど、人間が捨てたごみを使って、巣をつくることがあります。

ハンガーを曲げ、木の幹にからませて巣が落ちないようにしています。

つくり手プロフィール

ハシブトガラス

Corvus macrorhynchos

カラス科カラス属

英　名　Large-billed Crow
全　長　約56cm
生息地　日本全国、アジアに広く分布

都市部以外では、樹木の枝、つる植物の繊維や樹皮などを使って巣をつくります。

ヒヨドリは、植物のつるなど細長い素材を巣づくりに使いますが、最近は人が捨てたビニールひもをよく使います。

つくり手プロフィール

ヒヨドリ

Hypsipetes amaurotis

ヒヨドリ科ヒヨドリ属

英　名　Brown-eared Bulbul

全　長　約28cm

生息地　日本全国、アジアの一部に分布

人工物が使われていない巣

メジロも、本来巣の材料にするコケがないところでは、ビニールひもなどを巣に使います。

人工物が使われていない巣

つくり手プロフィール

メジロ

Zosterops japonicus

メジロ科メジロ属

英　名　Japanese White-eye

全　長　約12cm

生息地　日本全国、アジアの一部に分布

自然が少なくなった都会でも、鳥たちは新しい生命を産み育てるために、工夫して巣をつくっているのです。

◀◀ **生きものたちがつくるのは巣だけではありません。**
とても不思議で、おもしろいものをつくる生きものたちがいます。

「あずまや」をつくる鳥たち

オーストラリアとニューギニアには、ニワシドリという鳥のなかまが約20種すんでいます。ニワシドリのなかまのオスは「あずまや」と呼ばれる、巣ではない不思議な形の構造物をつくり、メスに求愛します。オスのつくった「あずまや」をメスが気にいるとペアになりメスだけで巣をつくって、ひなを育てます。オスは一年中「あずまや」づくりに精を出します。

つくり手プロフィール

キバラニワシドリ

Chlamydera lauterbachi

ニワシドリ科マダラニワシドリ属

英　名　Yellow-breasted Bowerbird
全　長　約28cm
生息地　ニューギニアに分布

求愛のために「あずまや」をつくるニワシドリ類の一種。オスは胸から下腹にかけて黄色で、メスは色がやや鈍い。「あずまや」は枝を使って4つの壁をつくり、その中に赤色や青色の果実、石などを並べるもの。

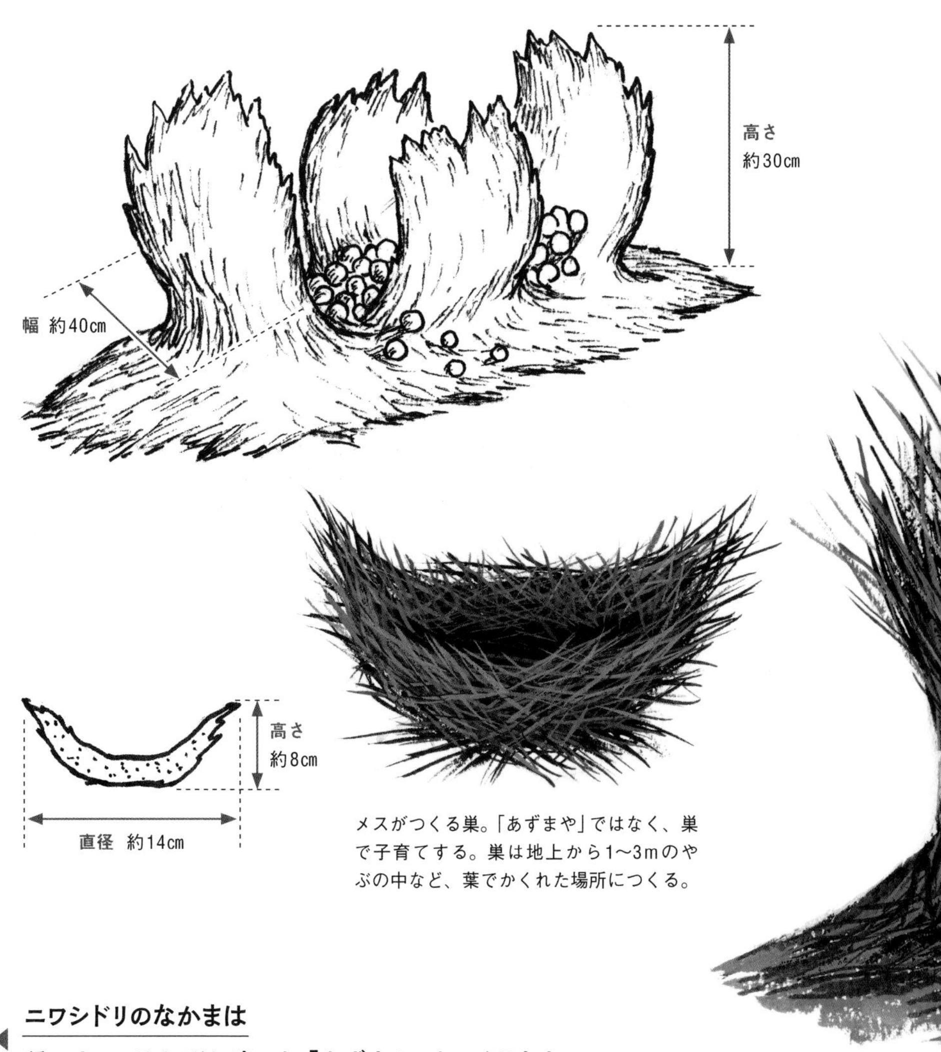

メスがつくる巣。「あずまや」ではなく、巣で子育てする。巣は地上から1～3mのやぶの中など、葉でかくれた場所につくる。

ニワシドリのなかまは
種によってそれぞれ違った「あずまや」をつくります。

青いものを集めるコレクター

アオアズマヤドリのつくる「あずまや」は、小枝を集めて地面に立て、曲面の壁を2つつくり、青いものを中心にいろいろなものを並べます。全身青い羽のオスは、自分が健康であることをメスに知らせたくて、青いものを集めるといわれています。

2つの曲面の間に近づいて中を見ると、巣の中にいるような感じがします。

つくり手プロフィール

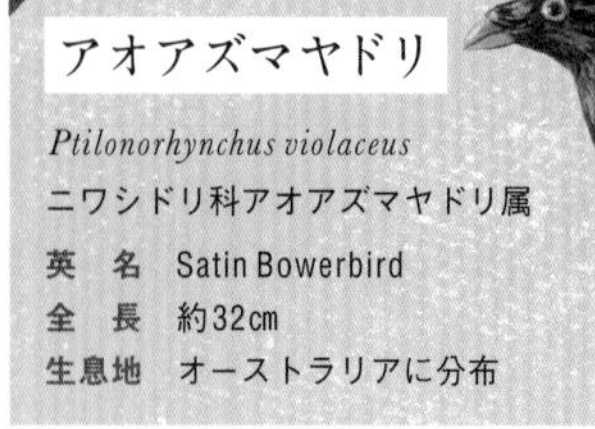

アオアズマヤドリ

Ptilonorhynchus violaceus

ニワシドリ科アオアズマヤドリ属

英　名　Satin Bowerbird

全　長　約32㎝

生息地　オーストラリアに分布

求愛のために「あずまや」をつくるニワシドリ類の一種。オスは全身が光沢のある深い青色。メスは上面が緑色を帯び虹彩は鮮やかな青色。「あずまや」は枝を使って2つの曲面の壁をつくり、青いものを集めて周囲に並べるもの。

アオアズマヤドリのメス。眼の虹彩が青い。

巣はおわん形。地上3〜20mの枝やつるなどにつくる。

◀◀ **形が似ている「あずまや」があります。**

奥行 約40cm
メスが中に入ると、
交尾が成立する。
緑色の植物で
飾られている。
高さ
約80cm
高さ
約80cm
流されないため、土台を高くしてある。
海岸のマングローブ
林などにつくるので、
流されないよう土台
を高くしてある。
巣はおわん形。地上1～
2mの、葉がよく茂った
木の枝などにつくる。
高さ
約8cm
直径 約17cm

土台を高くした「あずまや」

チャバラニワシドリの「あずまや」は、アオアズマヤドリ（158ページ）と同じように2つの曲面の壁がありますが、土台を高くしてあります。海岸の波打ち際につくるので、潮が満ちてきたときに流されないように工夫しているのです。「あずまや」は緑色の植物で飾られます。

つくり手プロフィール

チャバラニワシドリ

Chlamydera cerviniventris
ニワシドリ科マダラニワシドリ属
英　名　Fawn-breasted Bowerbird
全　長　約29cm
生息地　ニューギニアとオーストラリア北東部に分布

求愛のために「あずまや」をつくるニワシドリ類の一種。オスは上面が灰色で羽の縁が白く目立つ。下面は淡い橙色。メスの羽はほぼ同色で、少し小さい。「あずまや」は、枝で土台をつくりその上に2つの曲面の壁をつくり、緑色の植物で飾るもの。

◀◀ トンネルのような「あずまや」もあります。

トンネルのような「あずまや」とたくさんのカタツムリの殻

オオニワシドリは枝をたくさん集め、円柱のトンネルのような「あずまや」をつくります。中にはカタツムリの白い殻が置いてあり一見すると巣の中に卵が置いてあるように見えます。外側にもカタツムリの殻や白い骨などがたくさんあり、巣から卵があふれ出ているようにも見えます。

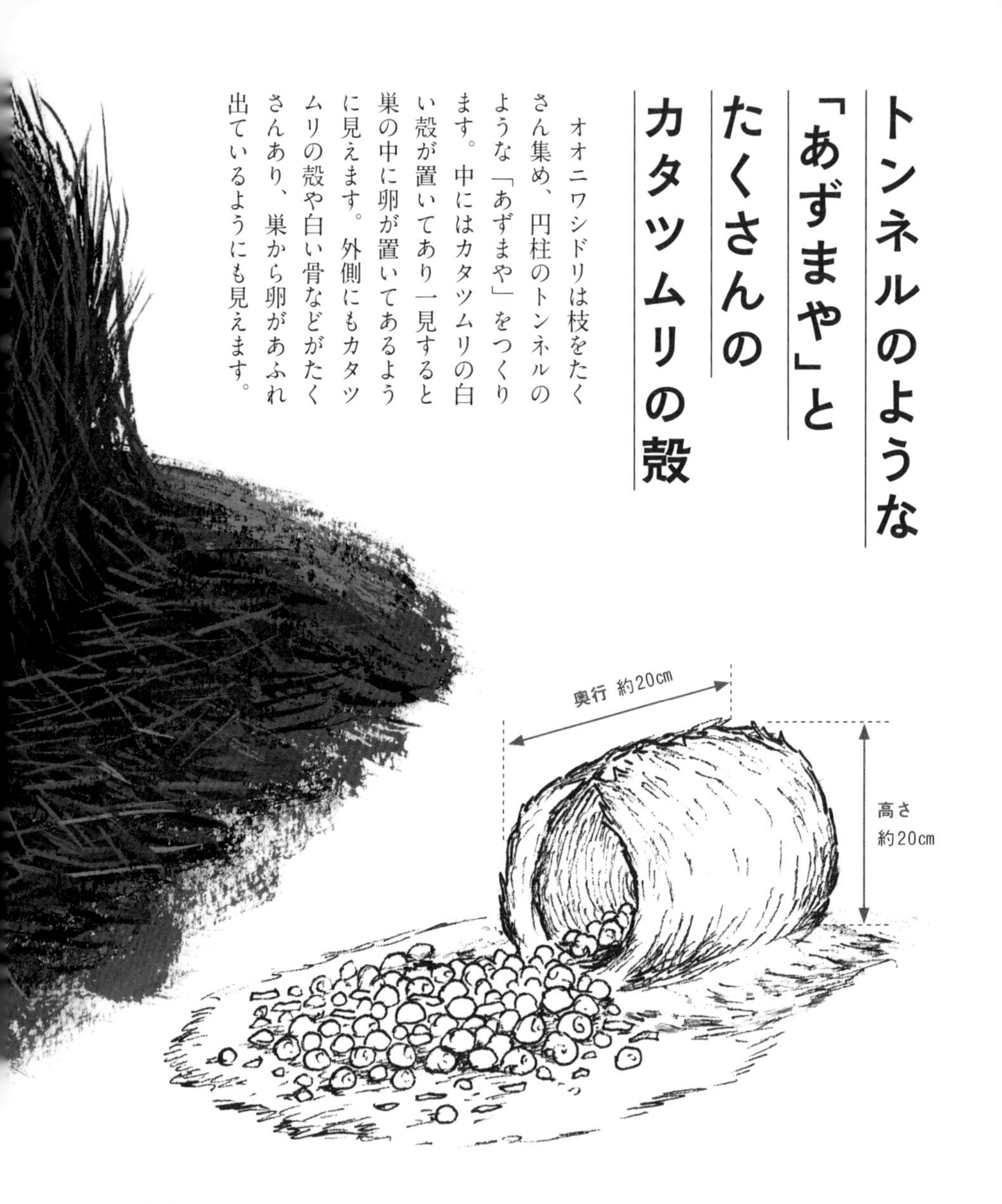

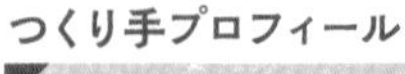

つくり手プロフィール

オオニワシドリ

Chlamydera nuchalis

ニワシドリ科マダラニワシドリ属

英　名　Great Bowerbird

全　長　約36㎝

生息地　オーストラリア北部に分布

求愛のために「あずまや」をつくるニワシドリ類の一種。オスは全身が褐色や灰色で地味だが後頭に紫色の羽があり目立つ。メスはほぼ同色だが、後頭の紫色の羽がない。「あずまや」はトンネルのような円柱形。

ピンク色のものも少し置いてあります。オオニワシドリのオスの後頭はピンク色なので、まるで「これはぼくがつくったのです」と芸術家が自分の作品にサインしているかのようです。

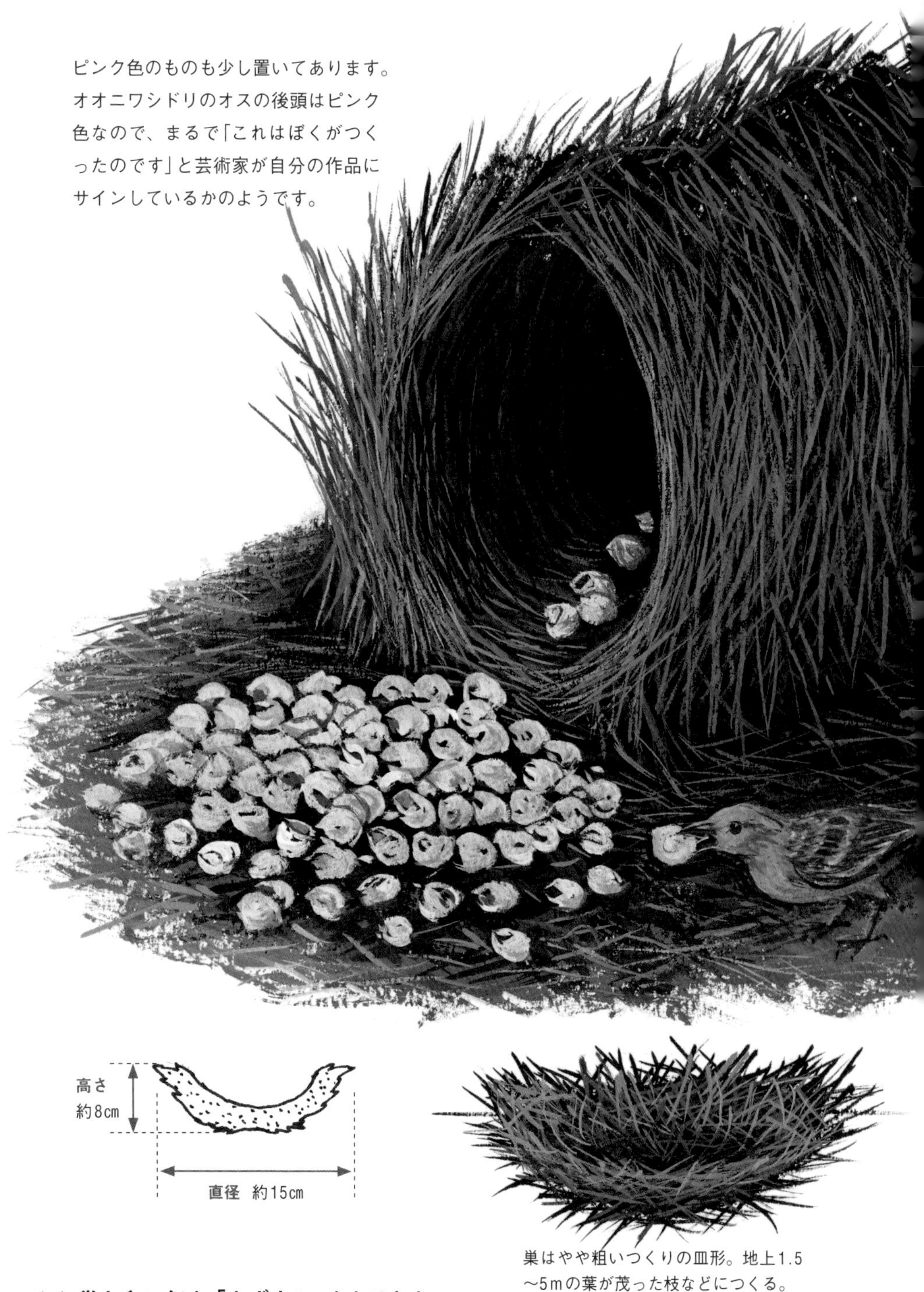

巣はやや粗いつくりの皿形。地上1.5〜5mの葉が茂った枝などにつくる。

◀◀ **巣と卵に似た「あずまや」もあります。**

巣と卵に似た「あずまや」

フウチョウモドキの「あずまや」は、巣を横向きに立てたような形です。オスは巣の中の卵を表現するように、その中にカタツムリの殻を置きますが、殻の模様までもが、本物の卵の模様によく似ているのです。

つくり手プロフィール

フウチョウモドキ

Sericulus chrysocephalus

ニワシドリ科フウチョウモドキ属

英　名　Regent Bowerbird

全　長　約24cm

生息地　オーストラリア東部に分布

求愛のために「あずまや」をつくるニワシドリ類の一種。オスの羽色は黒と黄、橙色のコントラストが目立つが、メスは地味な灰褐色。「あずまや」は枝を編んでつくり、巣を立てたような形。

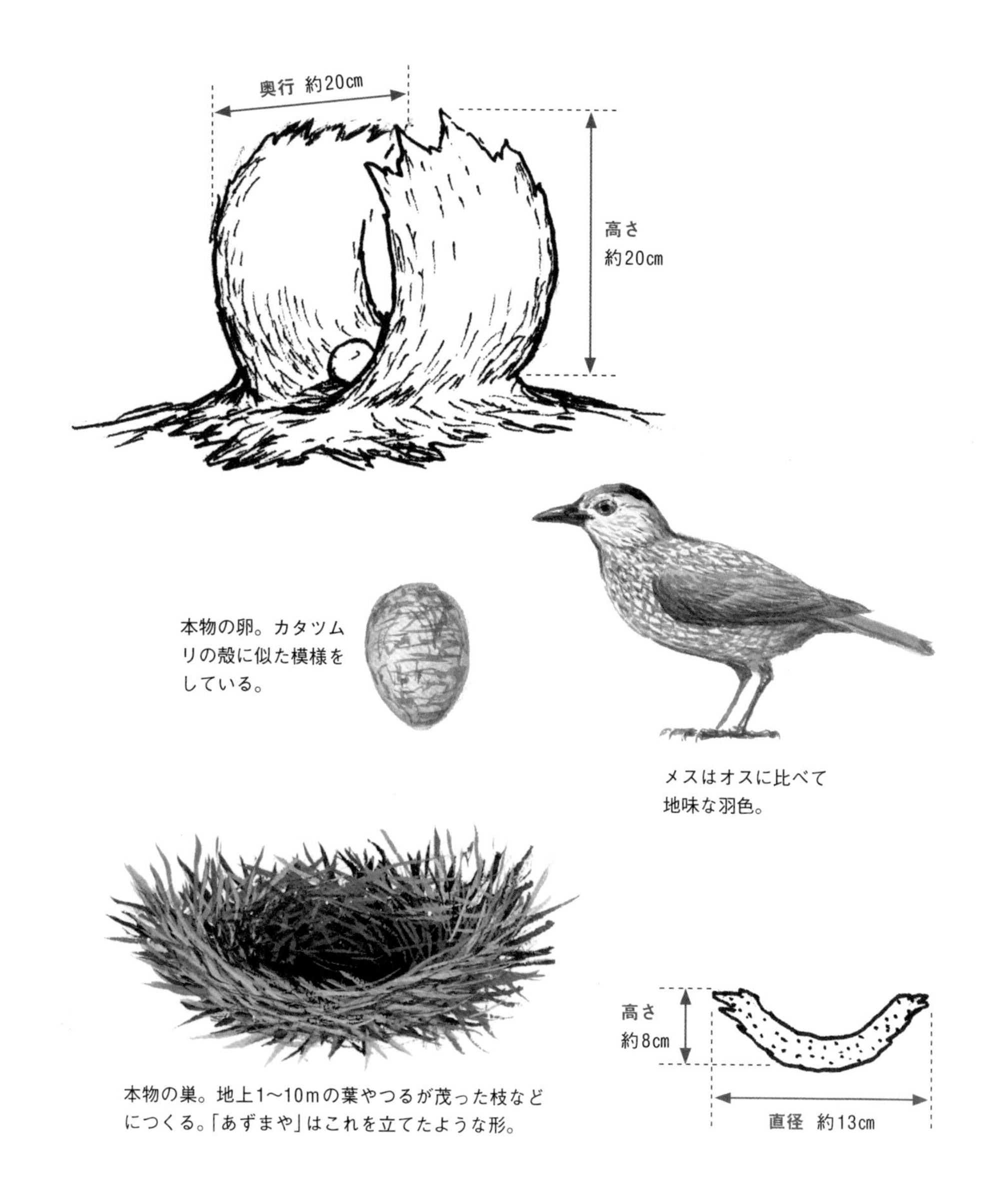

本物の卵。カタツムリの殻に似た模様をしている。

メスはオスに比べて地味な羽色。

本物の巣。地上1～10mの葉やつるが茂った枝などにつくる。「あずまや」はこれを立てたような形。

ニワシドリのなかまのすむ地域には天敵となる肉食獣がいないのと、温暖な気候で食物が豊富なこともあり、巣づくりや子育てはメスだけで行います。でも、オスには「巣をつくって子育てしたい」という本能があり、その想いが「あずまや」をつくらせるのかもしれません。

◀◀ 2本の塔のような「あずまや」もあります。

2本の塔のような「あずまや」

オウゴンニワシドリのオスは、倒れている木にコケや花を飾り、その両側に生えている2本の木に枝を積み上げて、「あずまや」をつくります。一見すると、2本の塔を築き上げているようです。

つくり手プロフィール

オウゴンニワシドリ

Prionodura newtoniana

ニワシドリ科オウゴンニワシドリ属

英　名　Golden Bowerbird

全　長　約24㎝

生息地　オーストラリア北東部に分布

求愛のために「あずまや」をつくるニワシドリ類の一種。オスはその名のとおり、黄金のような黄色とオリーブ褐色で目立つが、メスは地味。「あずまや」は倒木をコケや花で飾り、その脇に枝を積み上げたもの。

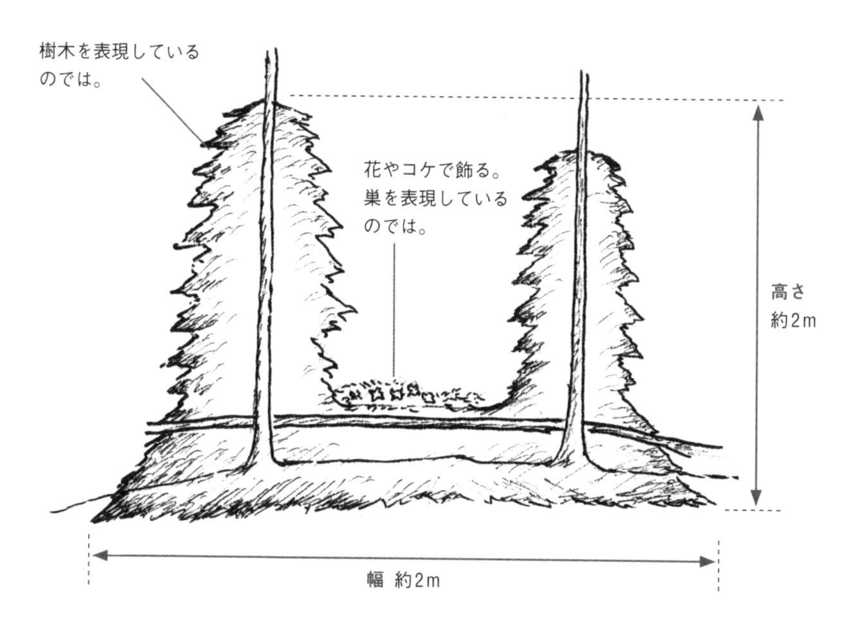

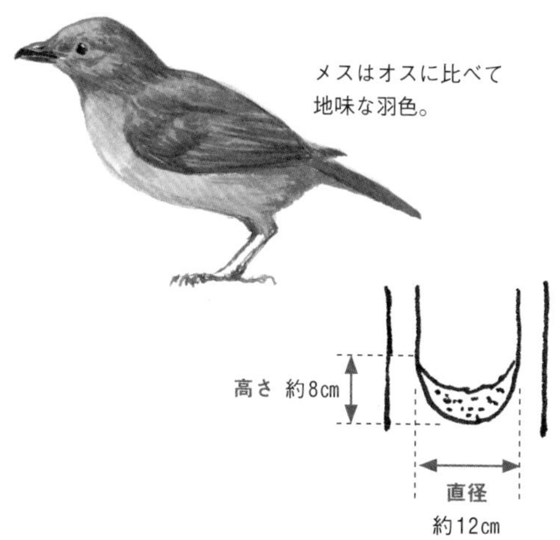

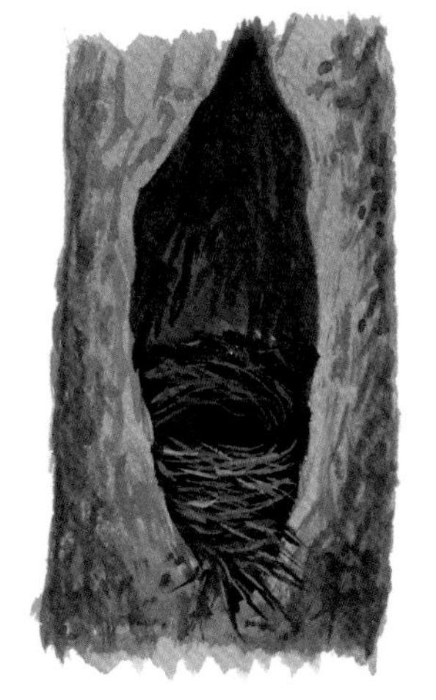

メスが巣をつくる場所は、大木の樹洞（木の空洞）の狭い空間です。オスは2本の高い塔を築き上げたかったのではなく、じつは樹洞の巣を表現しているのではないでしょうか。メスに、巣にいるときの気持ちになってもらいたいのかもしれません。

◀◀ **クリスマスツリーのような「あずまや」もあります。**

クリスマスツリーのような「あずまや」

カンムリニワシドリは、1本の木をコケの壁で囲って庭のようにし、中心の木に枝を積み上げ、その枝先にコケや昆虫をぶら下げます。まるでクリスマスツリーのような「あずまや」です。

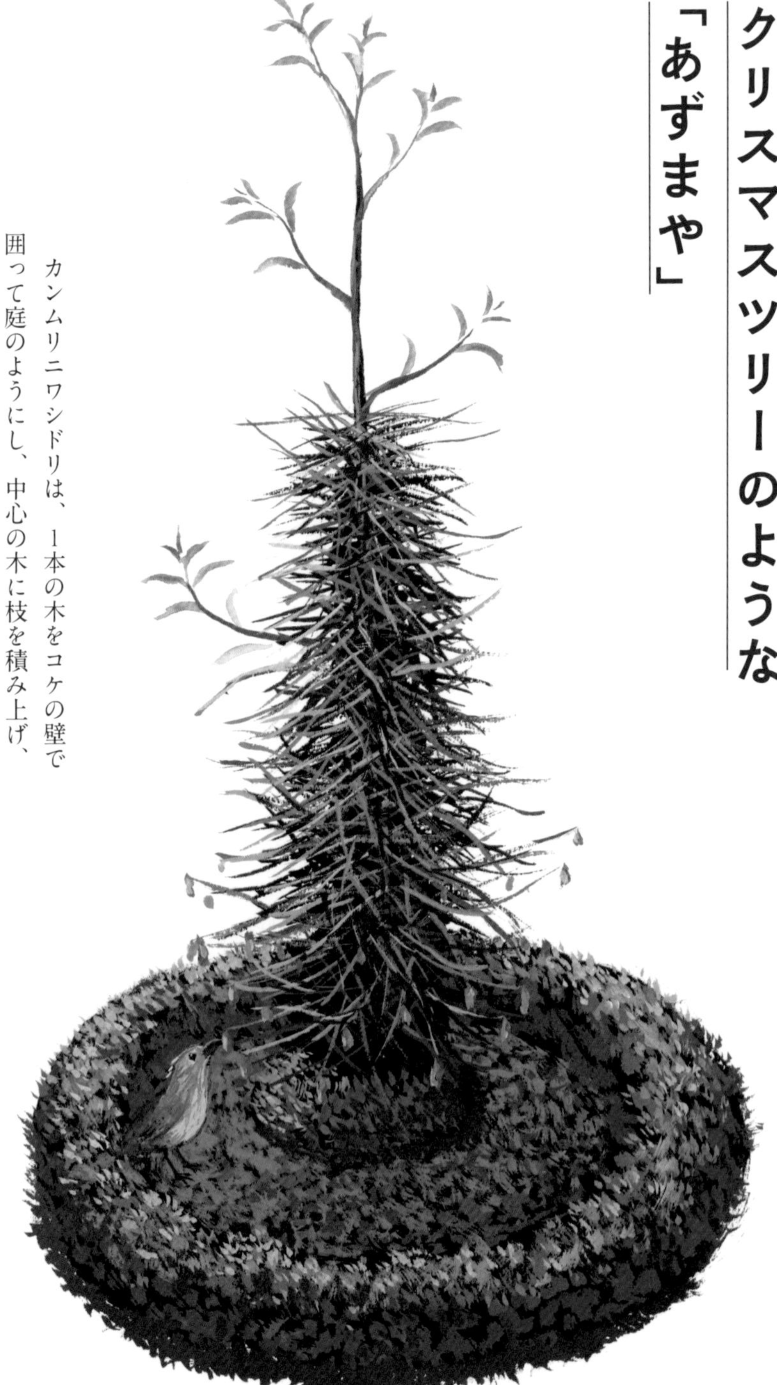

つくり手プロフィール

カンムリニワシドリ

Amblyornis macgregoriae

ニワシドリ科カンムリニワシドリ属

英　名　Macgregor's Bowerbird

全　長　約25cm

生息地　ニューギニアに分布

求愛のために「あずまや」をつくるニワシドリ類の一種。オスはほぼ全身がオリーブ褐色で、後頭に黄色い羽がある。メスはオスとほぼ同色だが、後頭の黄色い羽がない。オスは鳴きまねが得意。「あずまや」は1本の木を飾りつけたもの。

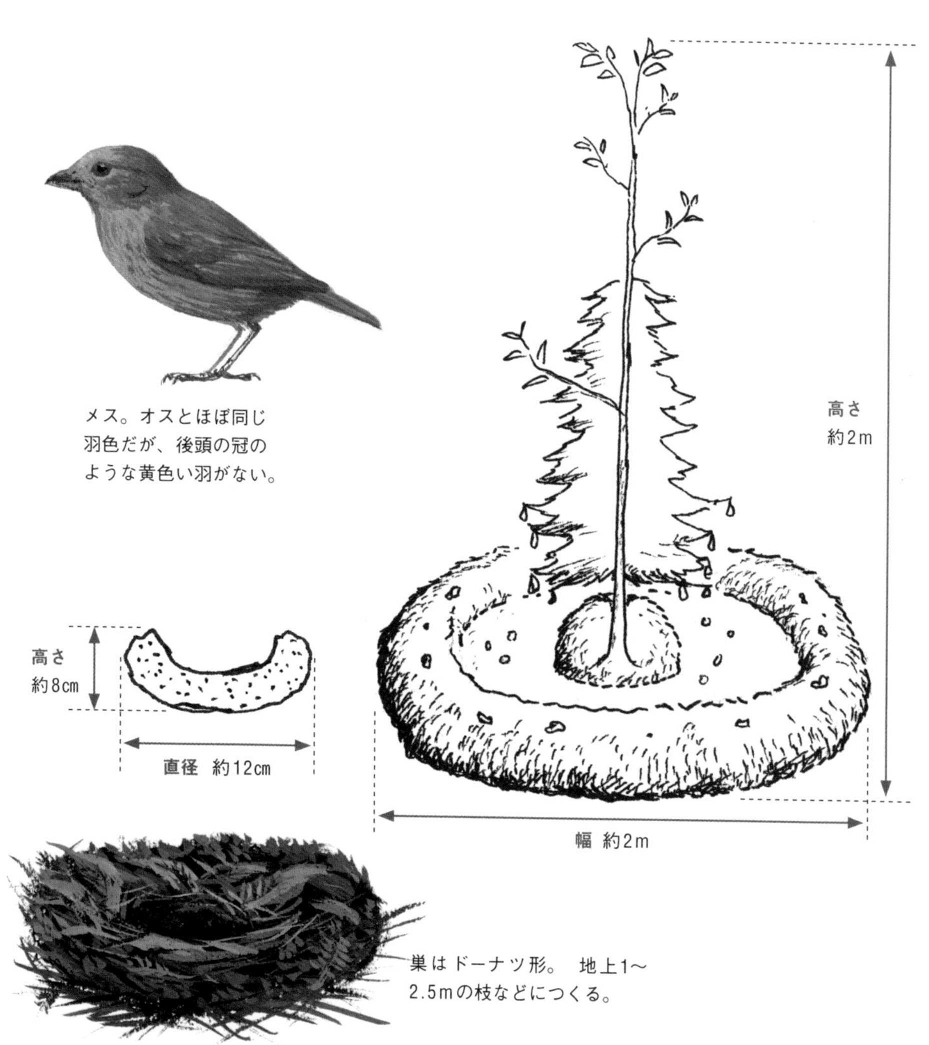

メス。オスとほぼ同じ羽色だが、後頭の冠のような黄色い羽がない。

巣はドーナツ形。 地上1～2.5mの枝などにつくる。

◀◀ **人間の住居のような「あずまや」もあります。**

テントのような大きな「あずまや」

チャイロニワシドリの「あずまや」は、地面をきれいに掃除した後、植物の茎を集めてドーム形の屋根のようにして入り口や内部に色とりどりの果実や昆虫、コケ、葉などを並べます。それぞれ色別にまとめて、きれいに並べるので、お店の人が商品を整然と陳列しているのとまったく同じです。思わず中へふらっと入っていきたくなる感じです。

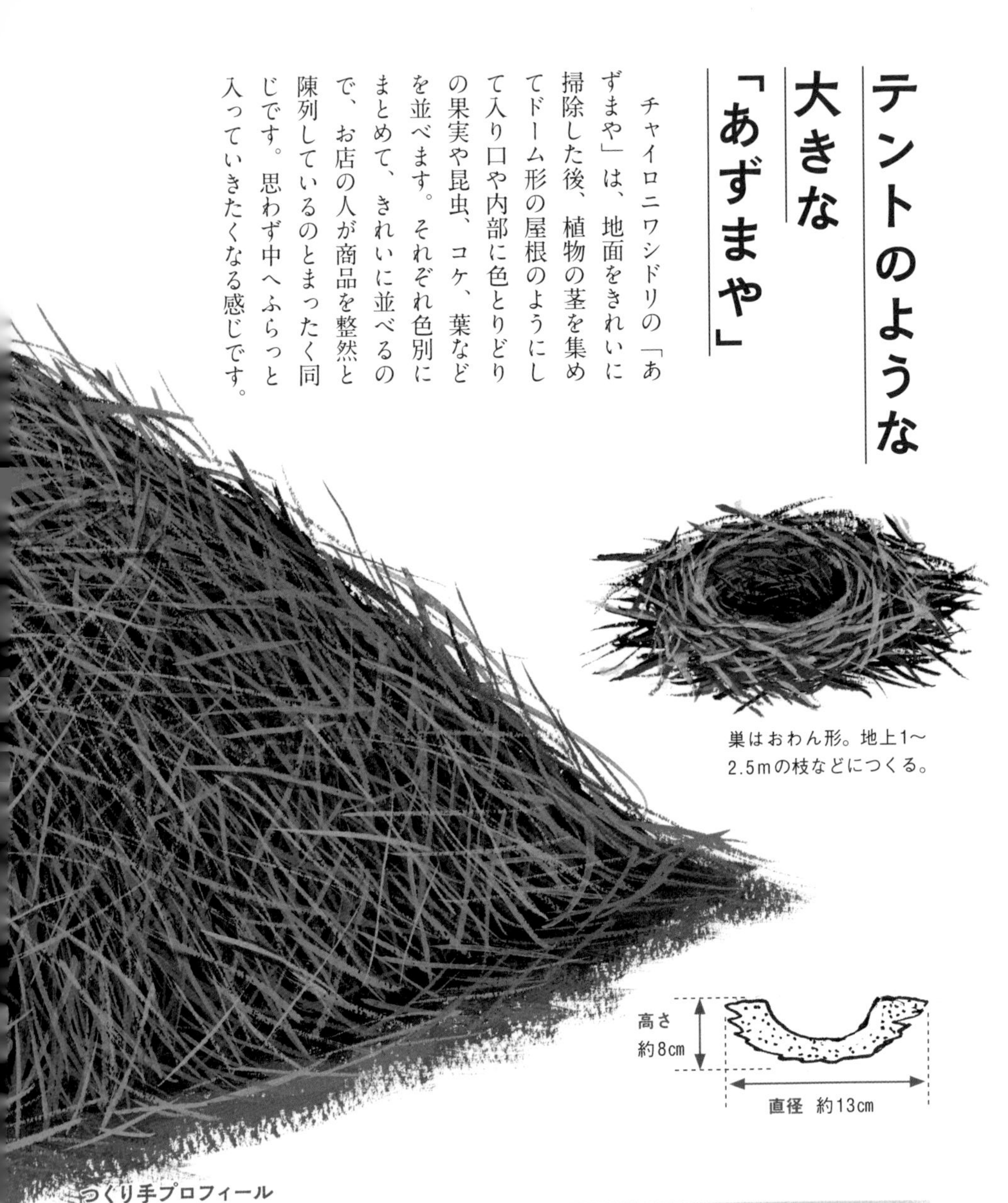

巣はおわん形。地上1〜2.5mの枝などにつくる。

つくり手プロフィール

チャイロニワシドリ

Amblyornis inornata

ニワシドリ科カンムリニワシドリ属

英　名　Vogelkop Bowerbird
全　長　約25cm
生息地　ニューギニアに分布

求愛のために「あずまや」をつくるニワシドリ類の一種。雌雄ほぼ同色で全身が茶色っぽい。オスは鳴きまねが得意。「あずまや」は大きなドーム形で、色とりどりの草や花、果実、人工物などを集め、アイテムごとにまとめて並べる。

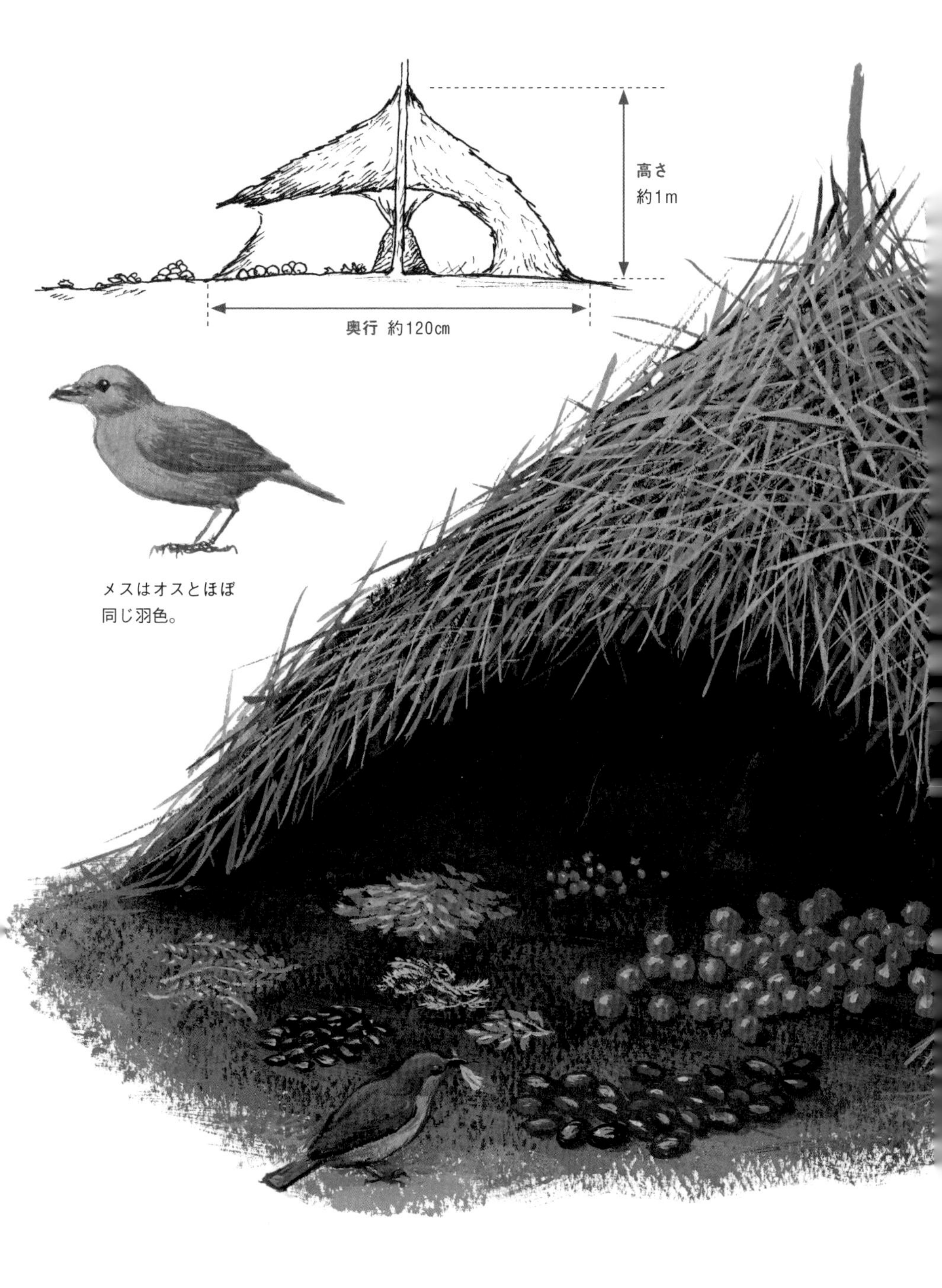

◀◀ **とってもシンプルな「あずまや」もあります。**

とてもシンプルな「あずまや」

ハバシニワシドリのオスは地面をきれいに掃除した後、植物の葉を何枚かもってきて地面に裏返しに並べます。葉の裏は白っぽくて目立ちますが、それで完成というとてもシンプルな「あずまや」です。薄暗い森で、「あずまや」のところだけが明るく目立ちます。

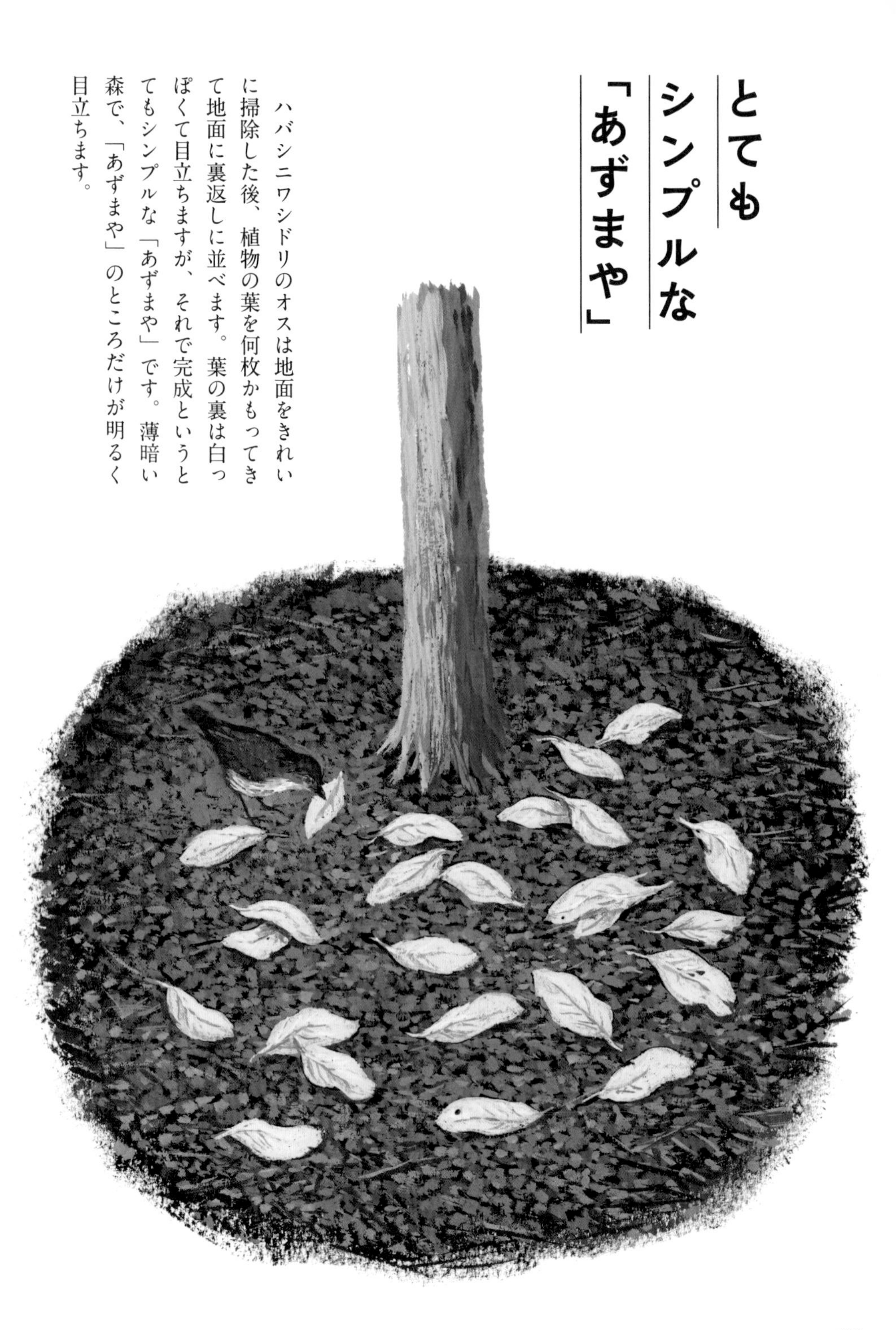

つくり手プロフィール

ハバシニワシドリ

Scenopoeetes dentirostris

ニワシドリ科ハバシニワシドリ属

英　名　Tooth-billed Bowerbird
全　長　約26cm
生息地　オーストラリア北東部

オスが「あずまや」をつくって求愛するニワシドリ類の一種。雌雄ほぼ同色。上面はオリーブ褐色、下面は白く、灰褐色の細かい縦斑が入る。「あずまや」はシンプルで、掃き清めた林床に特定の植物の葉を裏に並べたもの。

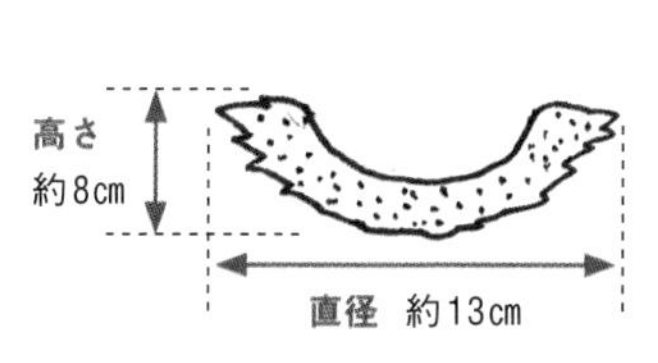

巣はおわん形。葉やつるが茂った場所につくる。

◀◀ ニワシドリのなかまはなぜ「あずまや」をつくるようになったのでしょう。

ニワシドリが
「あずまや」をつくる理由

ニワシドリのすむ地域には極楽鳥（ごくらくちょう）（フウチョウ類）というとっても派手な色で、目立つ踊りをしてメスに求愛する鳥のなかまがいます。

変身する

カンザシフウチョウ

Parotia sefilata
フウチョウ科カンザシフウチョウ属

極楽鳥のオスも、自分が目立つよう、森の地面をきれいにして踊ります。でも、それはメスに目立つだけでなく、ワシなどの天敵にも見つかりやすくなり、襲われる可能性が増すということにもなります。

ニワシドリのオスは、自分の身代わりとして「あずまや」をつくるようになったのかもしれません。

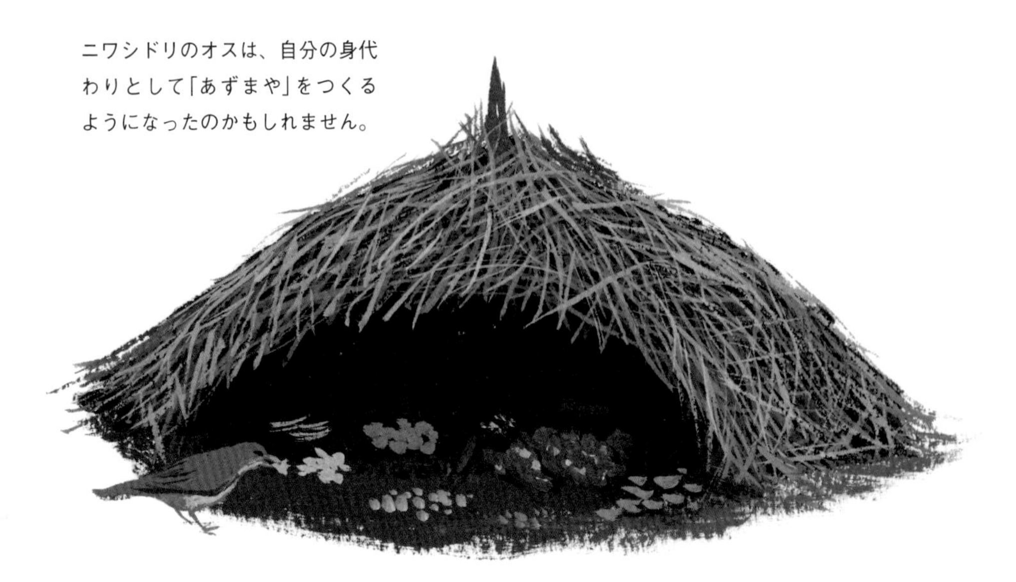

ニワシドリの脳はほかの鳥に比べて、少し大きめだそうです。「巣づくりしたい」「ひなに餌をあげたい」「メスに求愛したい」「メスに卵を産んでもらい、たくさん子孫を残したい」などの気持ちが「あずまや」という、本物の巣ではないけれど、生命を育てることにつながるものをつくることになったのかもしれません。

生命を育てることにつながる
さまざまなものをつくる生きものがもう一種います。
それは……

つくり手プロフィール

人間（ヒト）

Homo sapiens

ヒト科ヒト属

英　名　Man（Human being）

私たち人間です

昔々、人間は道具や火を使えるようになりました。それから、食べ物を食べるための道具や食器、寒くないよう身につける服、安心して暮らせる「家」をつくり、定期的に食べ物が手に入るよう畑をつくり、家畜を飼いました。物を運ぶために車などの移動手段をつくり、考えを伝えるために文字をつくり、心の平穏のために宗教や芸術活動をつくり、さらに電気など新しいエネルギー源をつくり……。

この世の中では、じつにたくさんのものがつくられています。それらは元をたどると、生きものたちが新しい生命を生み育てるために、いろいろな「巣」をつくってきた延長線上にあるものなのかもしれません。

地球というこの星に生きているのは、私たち人間だけではありません。多様な環境のなかで、いろいろな生きものが、誰に教わるわけでもなく「巣」をつくり、新しい生命を産み育てています。さまざまな生命が、いつまでも巣づくりできる環境であることを願っています。

参考文献

「建築する動物たち」マイク・ハンセル（青土社）
「生きものの建築学」長谷川堯（講談社）
「動物たちの「衣・食・住」学」今泉忠明（同文書院）
「巣の大研究」今泉忠明（PHP）
「動物のすみか」（丸善株式会社）
「しぜん いきものたちのいえ」（フレーベル館）
「週刊朝日百科　動物たちの地球」（朝日新聞出版）
「動物大百科」（平凡社）
「地球生活記」小松義夫（福音館書店）
「世界昆虫記」今森光彦（福音館書店）
「むしーこども図鑑」（学研）
「生きものたちも建築家 巣のデザイン」「蜂は職人・デザイナー」「クモの網」（INAX出版）
「世界の美しい透明な生き物」「世界で一番美しいイカとタコの図鑑」（エクスナレッジ）
「ハキリアリ 農業を営む奇跡の生物」バート・ヘルドブラー　エドワード・O・ウィルソン（飛鳥新社）
「完璧版 鳥の写真図鑑」コリン・ハリソン/アラン・グリーンスミス（日本ヴォーグ社）
「ARCHITEKTIER」 INGO ARDNT （KNESEBECK）
「HANDBOOK OF THE BIRDS OF THE WORLD」（1〜16）
「FIELD GUIDE TO THE ANIMALS OF BRITAIN」（READER'S DIGEST）
「NESTS AND EGGS」 Warwick Tarboton （STRUIK）
「BirdNests and Construction Behaviour」 MIKE HANSELL （CAMBRIDGE）

オナガカエデチョウ

さくいん

鈴木 まもる（すずき まもる）

1952年東京に生まれる。東京藝術大学美術学部工芸科中退。画家・絵本作家・鳥の巣研究家。1995年「黒ねこサンゴロウ」シリーズで赤い鳥さし絵賞受賞。2006 年「ぼくの鳥の巣絵日記」で講談社出版文化賞絵本賞受賞。2015年「ニワシドリのひみつ」で産経児童出版文化賞受賞。2021年「あるへラジカの物語」で親子で読んでほしい絵本大賞受賞。絵画活動のかたわら、野山で使い終わった鳥の古巣を見つけ、鳥の巣の造形的魅力にとりつかれて収集と研究を始める。
NHK「プレミアム8―ワイルドライフ、群れで生き抜くーシャカイハタオリ」（ナミビアで撮影）に出演。アルベール国際動物映像祭　特別審査員賞受賞。
各地で鳥の巣展覧会と原画展を開催。著書に、「鳥の巣の本」「世界の鳥の巣の本」「ぼくの鳥の巣コレクション」「ニワシドリのひみつ」（岩崎書店）、「あるへラジカの物語」「戦争をやめた人たち」（あすなろ書房）、「ぼくの鳥の巣絵日記」「鳥の巣いろいろ」「ふしぎな鳥の巣」「鳥の巣ものがたり」「ツバメのたび」「日本の鳥の巣図鑑、全259」（偕成社）、「バサラ山スケッチ通信」「ぼくの鳥の巣探検」「世界の鳥の巣をもとめて」（小峰書店）、アメリカにて「世界の鳥の巣の本」英語版出版。「世界655種　鳥と卵と巣の大図鑑」（ブックマン社）、「巣箱のなかで」（あかね書房）、「鳥は恐竜だった 鳥の巣からみた進化の物語」（アリス館）がある。

ブックデザイン
若井夏澄（tri）
前版編集協力
高野文　近藤由香　青木雄司

生きものがつくる美しい家

動物たちのすごい巣121

2023年 7 月18日　初版第1刷発行
2024年 4 月 2 日　　　第4刷発行

著　者　鈴木まもる
発行者　三輪浩之
発行所　株式会社エクスナレッジ
https://www.xknowledge.co.jp/
〒106-0032 東京都港区六本木7-2-26

問い合わせ先
編集　Tel：03-3403-1381／Fax：03-3403-1345
info@xknowledge.co.jp
販売　Tel：03-3403-1321／Fax：03-3403-1829